KB004263

이 맛, 나도 이제 프로가 되었나?

실패하지 않는

구움과자 레시피

gemomoge

임지인 옮김

My Special Baking Note

CONTENTS

PART 1 초급

Story 2

Muffins

PART 2 중급

Story 3

Scones

Story 4

Pound Cake

PART 3 고급

행복을 나누는 커뮤니케이션

이 책을 보고 계시는 분들
모두 반갑습니다.

저는 2016년부터 블로그에
구움과자 레시피를 올렸습니다.
그중에서도 특히 인기 있었던 레시피는 물론
제가 맛있게 먹었던 레시피,
그리고 블로그에 아직 공개하지 않은 레시피까지 이 한 권의 책에 담아냈습니다.

모든 단계별 레시피를 과정 사진과 함께 설명하고,
실패하지 않는 비결을 충실히 소개했습니다.
다양한 사진을 보면서 반죽의 질감이나
완성된 과자의 식감을 확인할 수 있으면 좋겠습니다.

과자를 만드는 일은
행복을 나누는 커뮤니케이션이라 생각합니다.
만들 때는 누군가를 떠올리면서,
먹을 때는 누군가와 맛있고 행복한 시간을 보낼 수 있겠죠.

이 책이 그런 행복의
계기가 되었으면 좋겠습니다.

레시피를 소개할 때 가장 중요시했던 부분은「맛」,
그리고 자세한 과정 사진과 함께 쉽게 설명하는 것이었습니다.

만약 사진처럼 완성되지 않더라도
결코 실패한 게 아닙니다.
만들면서 즐겁고, 먹으면서 활짝 웃게 된다면
그건 분명 성공일 테니
부디 도전해 보기 바랍니다.

초급 단계부터 고급 단계까지 모두 맛이 보장된 레시피입니다.
자주 만들어 보면서
소중하게 간직하고픈 나만의 레시피를 찾아보세요.

gemomoge가 알려주는

맛있게 굽는 비결

Secret Tips for Baking

TIPS 1

밀가루를 섞는 방법에 주의한다

스콘이나 쿠키 등은 눌러서 섞는 느낌으로. 파운드케이크 등도 마찬가지로 자르듯이 가볍게 섞는다. 반대로 시폰케이크나 마들렌은 밀가루를 충분히 섞어서 글루텐을 만들어내는 것이 중요하다. 섞는 방법에 신경쓰면 완성도가 달라진다.

TIPS 2

구운 색이 제대로 날 때까지 굽는다

표면이 연한 갈색이 될 때까지 충분히 굽는 것이 맛있게 완성하는 포인트. 정성껏 만든 반죽이라도 제대로 굽지 않으면 식감이 나빠지기 마련이다. 초콜릿 스콘이나 애플파이 등, 표면이 녹거나 타기 쉬운 종류는 중간에 알루미늄포일을 덮고 속까지 충분히 굽는다.

TIPS 3

자신의 오븐에 대해 잘 알아 둔다

기본적으로 빌트인 오븐을 사용하지만, 전자레인지 겸용 등일 경우 오븐 문을 여닫기만 해도 온도가 바로 내려간다. 우선 이 책의 오일 쿠키(p.14~)를 레시피 온도와 시간대로 구워보며 자신의 오븐을 잘 파악해 두기를 추천한다. 책 레시피대로 구워보며 타지 않고 속까지 잘 익는 온도와 시간을 자신의 오븐으로 조절한다.

TIPS 4

「버터는 상온에」의 기준은 손가락이 잘 들어가는 상태

버터는 눌렀을 때 손가락이 들어갈 정도의 부드러운 상태가 기준이다. 버터가 딱딱할 때 달걀과 섞으면 쉽게 분리될 뿐만 아니라 식감도 나빠진다. 상온에 꺼내 놓고, 거품기로 공기를 넣어 크림 상태로 휘핑한 후에 다른 재료를 섞는 것도 포인트. 「상온」이란 기준을 너무 의식하지 않고, 버터가 딱딱한지 부드러운지로 온도를 관리한다.

TIPS 5

만드는 동안 온도에 주의한다

구움과자에는 반죽을 차게 유지하는 방식과 상온 상태로 유지하는 방식이 있다. 스콘, 디아망 쿠키, 애플파이 반죽은 차가운 상태 그대로 오븐에 튀기는 느낌으로 굽는다. 반면, 파운드케이크 등은 버터나 달걀이 차가울 때 섞으면 제대로 유화하지 않고 분리된다. 재료 온도의 관리가 성공 비결이다.

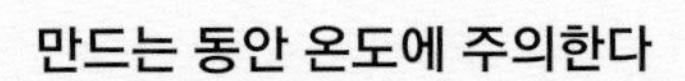

HOW TO USE

일 러 두 기

* 버터는 무염버터를 사용한다.
* 설탕은 따로 표기가 없는 경우, 그래뉴당을 사용한다.
* 오일은 미강유, 포도씨유, 샐러드유, 생참기름 등을 사용한다.
* 덧가루는 강력분을 사용한다.
* 계량 단위는 1작은술 = 5㎖, 1큰술 = 15㎖이다.
* 달걀 크기는 대 = 60g(껍질 제외), 중 = 50g(껍질 제외)이 기준이다.
* 오븐으로 굽는 시간은 어디까지나 기준이다.
  오븐의 크기, 깊이, 재질, 기종에 따라 차이가 있으므로 사용하는 오븐 특징에 맞게 굽는 시간을 조절한다.

Part 1

My Special Baking Note

구움과자

초급

구움과자를 첫 도전부터
실패할 수는 없는 일이다.
그래서 적은 재료와 간단한 과정으로,
초보자도 쉽게 만들 수 있는 레시피를 소개한다.
먼저 오일 쿠키는 재료를 섞어서 굽기만 하면 완성이다.
치즈나 말린 과일을 넣는 등 다양하게 응용해 보고
머핀에 도전하자.
머핀도 순서대로 재료를 섞고 틀에 담아 굽는 과정이 전부다.
매일 부담없이 만들 수 있는 간식만 모았다.

Story 1

Cookies

과자 만들기의 기본은
누가 뭐라 해도 쿠키

쿠키는 아이와 함께 만들기 좋은 과자입니다. 저도 어렸을 때, 할머니와 함께 종종 만들곤 했어요. 쿠키뿐만 아니라 장아찌와 된장도 직접 담그신 할머니께, 저는 손수 만드는 즐거움을 배웠습니다.

아이와 함께 만들기 좋은 과자로 오일 쿠키를 추천합니다. 버터를 넣고 반죽하면 버터가 녹으면서 반죽이 노화되기 쉽지만, 오일을 넣으면 그런 걱정 없이 마음껏 반죽할 수 있습니다.

원하는 모양의 쿠키틀로 찍어내고, 남은 반죽은 다시 뭉쳐 밀대로 밀면서 마치 찰흙놀이를 하듯 즐길 수 있습니다. 오일 쿠키는 반죽 마지막에 달걀을 넣어 뭉치는데, 물로도 반죽을 뭉칠 수 있으니 달걀 알레르기가 있다면 물을 대신 넣어도 좋습니다.

비닐봉투로 손쉽게 1시간이면 완성!

오일 쿠키

Point

1시간이면 만들 수 있는 손쉬운 쿠키다.
밀가루와 오일을 섞을 때는
되도록 치대지 않아야
바삭한 식감으로 완성할 수 있다.
반죽을 계속 만져도 단단해지지 않아서
아이와 함께 만들기 좋다.

재료(쿠키틀 30~40개 분량)

박력분 ··· 120g
슈거파우더 ··· 40g
오일(미강유) ··· 50㎖
달걀 ··· 1/3개 분량
바닐라오일 ··· 3방울

준비 재료를 계량한다.
달걀을 푼다.
비닐봉투를 준비한다.

굽는 시간 170℃ 약 17분~

01

비닐봉투에 박력분과 슈거파우더를 함께 넣는다.

02

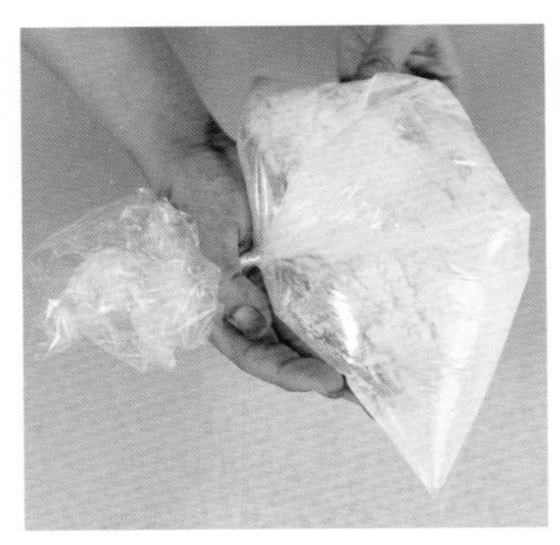

비닐봉투 입구를 한 손으로 꼬아서 밀봉하고, 다른 한 손으로는 받치며 흔든다.

03

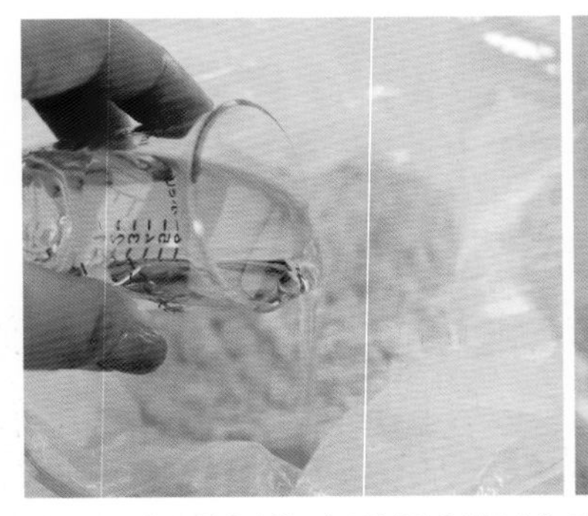

비닐봉투에 오일을 넣는다. 바닐라오일도 넣는다.

04

비닐봉투 입구를 한 손으로 꼬아서 밀봉하고, 다른 한 손으로는 받치며 흔든다.

보슬보슬해질 때까지 흔든다

05

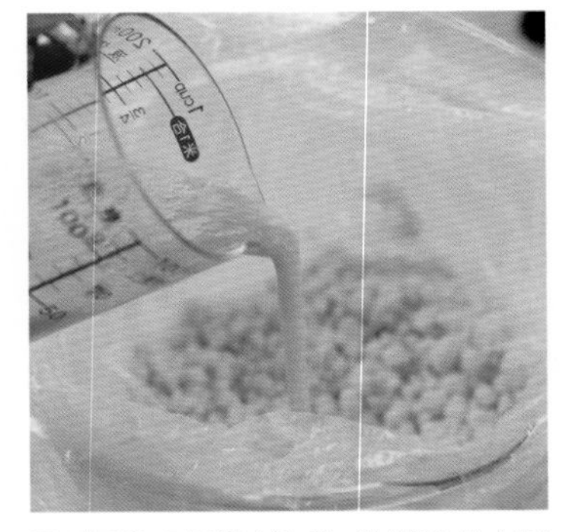

푼 달걀을 조금씩 넣는다. 한 번에 다 붓지 않고 나누어 넣는다.

06

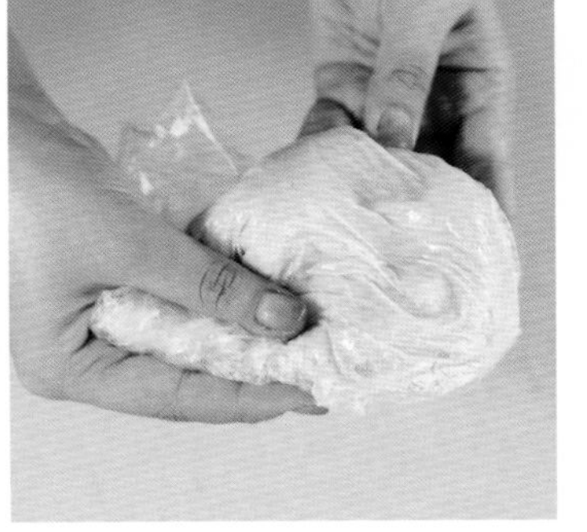

봉투에 들어있는 채 1덩어리로 뭉치고, 날가루가 남아 있다면 푼 달걀(분량 외)을 보충한다.

07

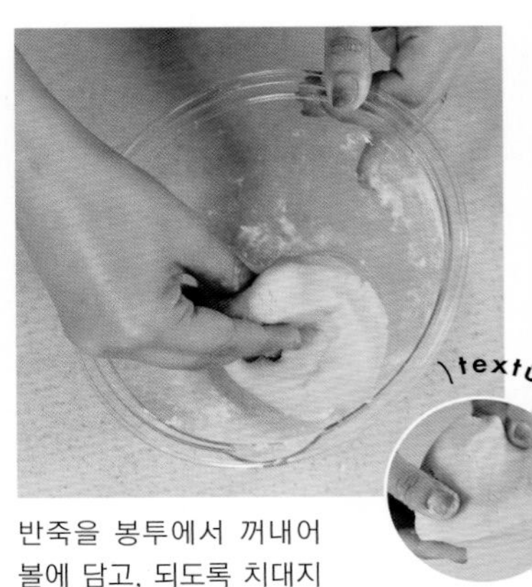

반죽을 봉투에서 꺼내어 볼에 담고, 되도록 치대지 않고 누르면서 뭉친다.

너무 끈적이면 밀가루를 조금 보충한다.

08

여기서 170℃로 예열

오븐시트 위에 반죽을 올리고 비닐랩을 살짝 덮는다.

09

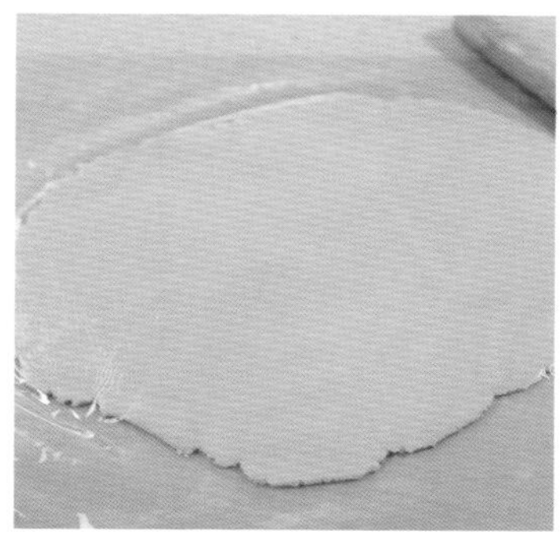

밀대로 반죽을 2㎜ 두께로 민다.

10

원하는 쿠키틀로 찍어낸다.

11

오븐팬에 나란히 올린다.

12

170℃로 예열한 오븐에 약 17분~ 굽는다. 오븐 기종에 따라 굽는 시간을 조절한다.

13

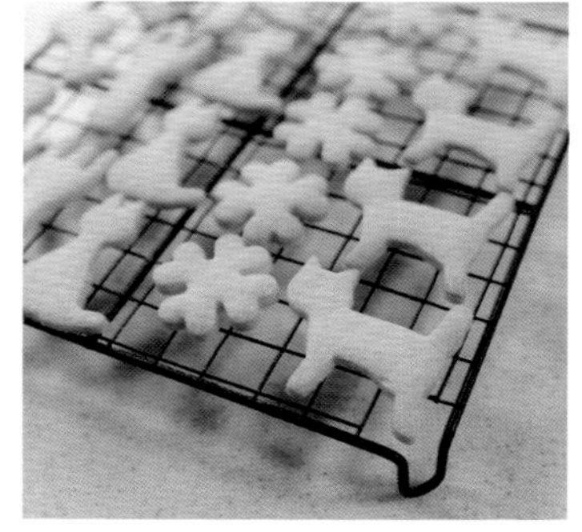

완성. 오븐에서 꺼내고 충분히 식힌다.

Advice

오일은 미강유를 사용했지만 포도씨유, 샐러드유, 생참기름 등을 대신 사용해도 좋다.

여름에 어울리는 가볍고 상쾌한 식감!
염분은 열사병 예방에도 좋다

말린 과일 소금 쿠키

Point

버터와 달걀이 필요 없어서
생각나면 바로 만들 수 있고,
칼로리는 낮지만 묵직한 여운이 남는 쿠키다.
건포도, 파파야, 망고 등
좋아하는 말린 과일과 견과류로 만들어 보자.
큰 사이즈로 구우면 하나만 먹어도 배부르다.

재료(지름 6㎝ 쿠키 20~22개 분량)

박력분……200g
수수설탕……60g
오일(미강유)……60㎖
우유……50~60㎖
건과일……50g
구운 견과류(취향에 맞게)……50g
소금……2꼬집(1g)

준비 재료를 계량한다.
말린 과일과 견과류는 잘게 썬다.

굽는 시간 170℃ 약 30분~

01

큰 볼에 박력분, 설탕, 소금을 넣고 거품기로 섞는다.

02

오일을 가루 가운데에 조금씩 넣는다.

03

스크레이퍼로 자르듯이 골고루 섞는다.

04

손으로 가루를 들어올려 양손으로 비비면서 으깨어 잔모래 상태로 만든다.

몽글몽글, 포슬포슬한 상태로

05

잘게 썬 견과류와 말린 과일을 함께 섞는다.

06

우유를 넣고 스크레이퍼로 자르듯이 잘 섞는다.

07

여기서 170℃로 예열

반죽 전체에 수분이 골고루 퍼지면 1덩어리로 뭉친다.

08

오븐 시트 위에 반죽을 올리고 비닐랩을 살짝 덮는다.

09

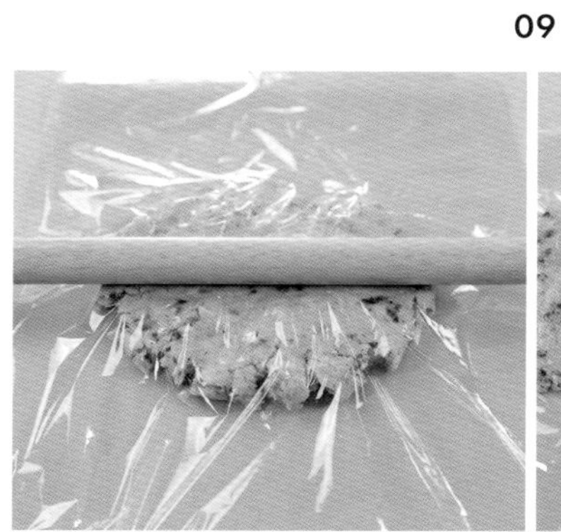

밀대로 반죽을 5㎜ 두께로 넓게 민다.

10

세르클(원형틀)로 견과류와 말린 과일이 들어간 반죽을 눌러 자르듯이 찍어낸다.

11

오븐팬에 나란히 올린다.

12

170℃로 예열한 오븐에 약 30분~ 굽는다. 오븐 기종에 따라 굽는 시간을 조절한다.

13

완성. 오븐에서 꺼내고 충분히 식힌다.

Advice

견과류는 아몬드, 호두 등 취향에 맞게 선택한다. 염분 없는 것을 추천하지만, 소금기가 있다면 재료에서 소금의 양을 줄인다.

RECIPE

03

Cheesy Oats Crackers

식이섬유가 듬뿍
와인과도 잘 어울리는 어른이 좋아하는 맛

오트밀 치즈 쿠키

Point

보슬보슬한 식감, 존재감 있는 진한 치즈맛이
술과 잘 어우러져 안주로도 제격인 쿠키다.
바질이나 로즈메리 등,
좋아하는 드라이 허브로도 응용해 보자.

재료(5㎝ 사각형 쿠키 25~30개 분량)

오트밀 ···················· 100g
치즈가루 ···················· 20g
전립분(강력분) ···················· 50g
오일 ···················· 60㎖
달걀 ···················· 1개(대)
드라이 허브(취향에 맞게) ···················· 0.5g
소금 ···················· 4g
검은 후추 ···················· 1~2g
검정깨(취향에 따라) ···················· 5g

준비 재료를 계량한다.
달걀을 푼다.
오븐팬에 오븐시트를 깐다.

굽는 시간 180℃ 약 15분 + 200℃ 약 15분~

01

볼에 오일과 달걀을 제외한 모든 재료를 넣고 섞는다.

02

오일을 조금씩 넣는다.

03

스크레이퍼 등으로 자르듯이 섞는다.

보슬보슬한 상태

04

푼 달걀을 조금씩 넣으면서 스크레이퍼 등으로 자르듯이 섞는다.

가루 종류가 골고루 촉촉해지면 OK

05

반죽을 1덩어리로 뭉치고 오븐팬에 올린다. 잘 뭉쳐지지 않으면 우유(분량 외)를 보충하며 다시 뭉친다.

06

반죽 위에 비닐랩을 살짝 덮는다.

07

밀대로 반죽을 3㎜ 두께로 민다.

08

180℃로 예열한 오븐에 약 15분, 200℃로 올려서 약 15분~, 노릇한 색이 날 때까지 굽는다.

09

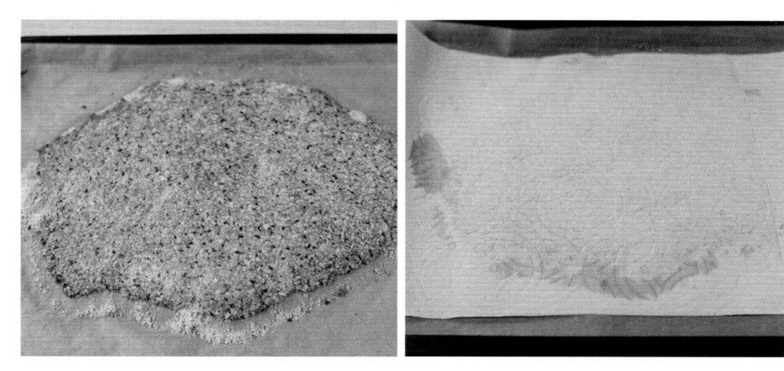

굽기가 끝나면, 키친타월로 가볍게 누르면서 기름을 제거한다.

10

따뜻할 때 피자커터 등으로 자른다.

Advice

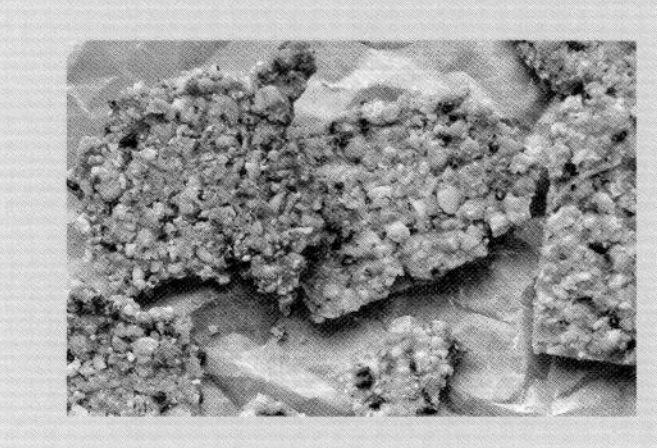

오트밀이나 그래놀라바의 원재료인 귀리. 영양가가 높고, 칼로리는 낮다. 식이섬유도 풍부.

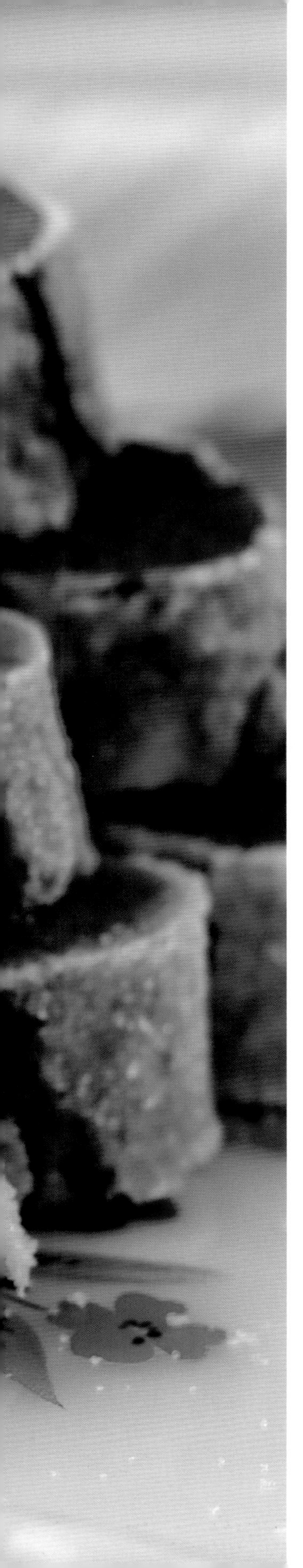

RECIPE
04
Diamond Sablé Cookies

가장자리를 장식한 그래뉴당이
다이아몬드처럼 반짝!

디아망 쿠키

Point

버터가 듬뿍 들어간 디아망 쿠키.
겉에 바른 그래뉴당이
반짝반짝 빛나서 마치 보석 같다.
반죽을 자를 때는 천천히 신중하게.
받으면 누구나 기뻐하는
선물용 쿠키다.

재료(지름 2.5㎝ 쿠키 약 30개 분량)

박력분	120g
슈거파우더	60g
아몬드파우더	30g
우유	15㎖
버터	80g
소금	2꼬집(1g)
덧가루	조금
그래뉴당	50g

준비 재료를 계량한다.
버터는 깍둑썰기하고, 냉장고에 차게 보관했다가 사용 10분 전에 꺼내 둔다.
오븐팬에 오븐시트를 깐다.

굽는 시간 160℃ 약 45분~

01

박력분, 슈거파우더, 아몬드파우더, 소금을 함께 섞고 체로 친다.

02

푸드 프로세서에 **01**과 버터를 넣어 섞고, 큰 볼에 담는다.

포슬포슬해지면 OK

03

02의 볼에 우유를 넣고, 스크레이퍼 등으로 자르듯이 섞는다.

우유가 골고루 스며들면 OK

04

반죽을 1덩어리로 뭉친다. 너무 치대면 구운 후 식감이 딱딱해지므로 주의한다.

05

칼로 2덩어리로 나눈다.

06

덧가루를 뿌린 작업대에 지름 약 2.5㎝×길이 30~33㎝ 둥근 막대모양으로 민다. 너무 힘을 주어 밀면 모양이 망가지므로 주의한다.

나무도마 등으로 가볍게 밀면 모양이 균일해진다.

07

각각 비닐랩으로 감싸고, 냉동실에 1시간 휴지시켜 단단한 상태로 만든다.

08

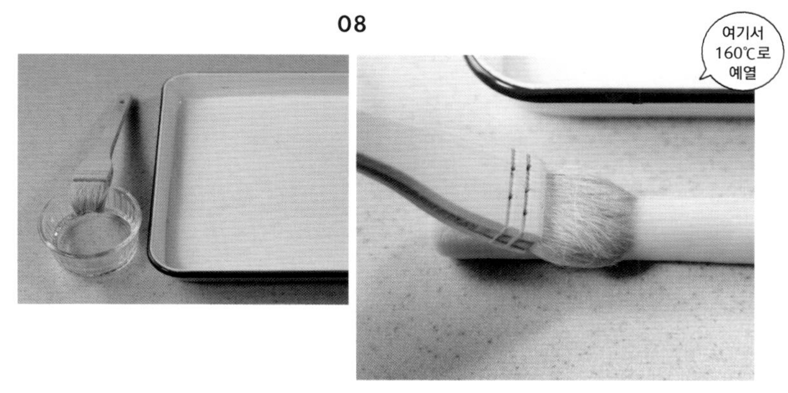

반죽을 꺼내어 솔 등으로 물(분량 외)을 얇게 바른다.

09

그래뉴당을 넓게 뿌리고, 반죽을 굴리면서 전체에 묻힌다.

10

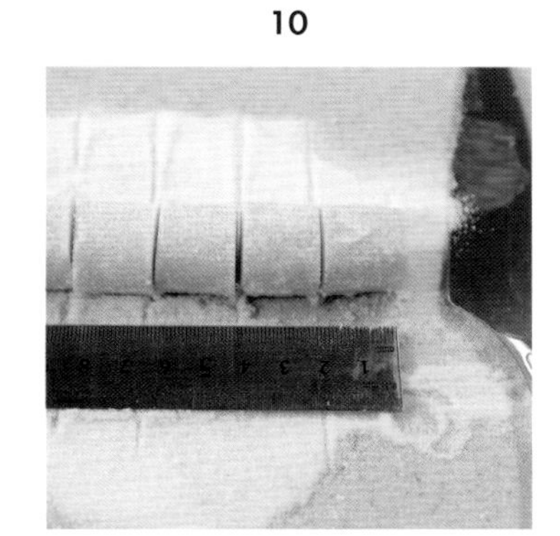

반죽이 딱딱할 때 칼로 자르면 부서지므로, 적당히 부드러워지면 2㎝ 폭으로 썬다.

11

자른 면을 반듯하게 정리하면, 구웠을 때 보기 좋다.

12

차가운 상태 그대로 오븐팬에 나란히 올려 놓는다.

13

160℃로 예열한 오븐에 약 45분~ 굽는다. 오븐 기종에 따라 굽는 시간을 조절한다.

14

완성. 오븐에서 꺼내고 충분히 식힌다.

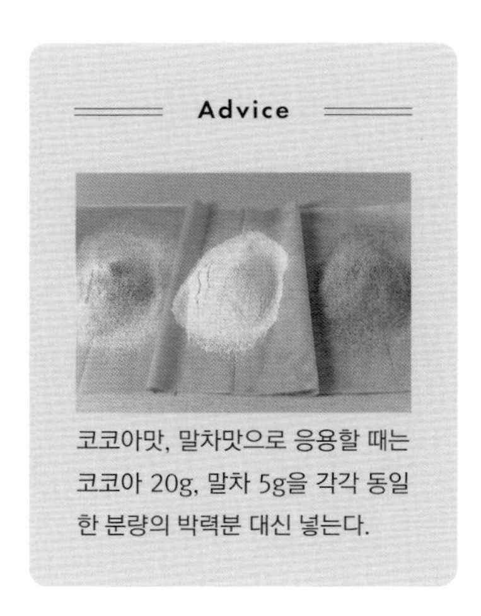

Advice

코코아맛, 말차맛으로 응용할 때는 코코아 20g, 말차 5g을 각각 동일한 분량의 박력분 대신 넣는다.

RECIPE 05

Fudgy Raspberry Brownies

한입 크기로 입에 쏙 들어가는

라즈베리 브라우니

Point

겉은 바삭, 속은 쫀득,
인스턴트커피가 풍미를 살려주는
아메리칸 브라우니.
초콜릿과 궁합이 좋은 라즈베리를
토핑하여 신맛을 플러스.
커피와도 잘 어울린다.

재료(18㎝ 사각틀 1개 분량)

- 강력분 … 15g
- 박력분 … 15g
- 코코아파우더 … 25g
- 버터 … 50g
- 설탕 … 130g
- 달걀 … 1개(대)
- 오일 … 50㎖
- 인스턴트커피 … 1작은술
- 판초콜릿(다크) … 2장(100g)
- 바닐라오일 … 3방울
- 소금 … 0.5g

라즈베리 시럽

- 라즈베리(냉동) … 50g
- 설탕 … 15g

준비 재료를 계량한다.
달걀은 상온에 꺼내 둔다.
틀에 유산지를 깐다.

굽는 시간 200℃ 약 25분~

라즈베리 시럽 만들기

01 02 03

내열볼에 라즈베리와 설탕 15g을 넣고, 500w 전자레인지에 1분 가열한다. 한번 휘저은 다음 1분 더 가열해서 라즈베리 시럽을 만든다.

브라우니 반죽 만들기

01

가루 종류와 소금을 섞어 둔다.

02

여기서 200℃로 예열

초콜릿은 잘게 부순 후 2등분한다.

03

볼에 버터, 설탕 130g, 초콜릿(1/2 분량), 오일, 바닐라오일을 넣고 중탕으로 녹인다.

Advice

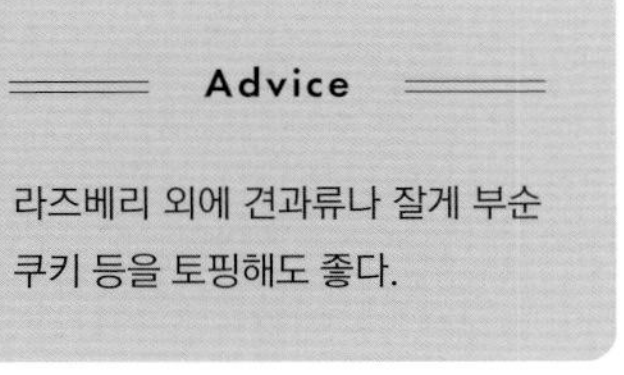

라즈베리 외에 견과류나 잘게 부순 쿠키 등을 토핑해도 좋다.

04

인스턴트커피를 섞는다.

05

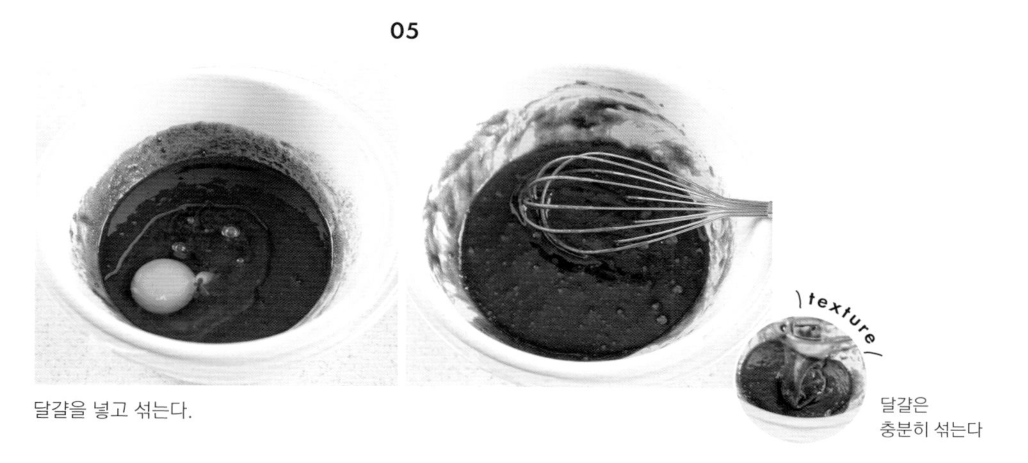

달걀을 넣고 섞는다.

달걀은
충분히 섞는다

06

07

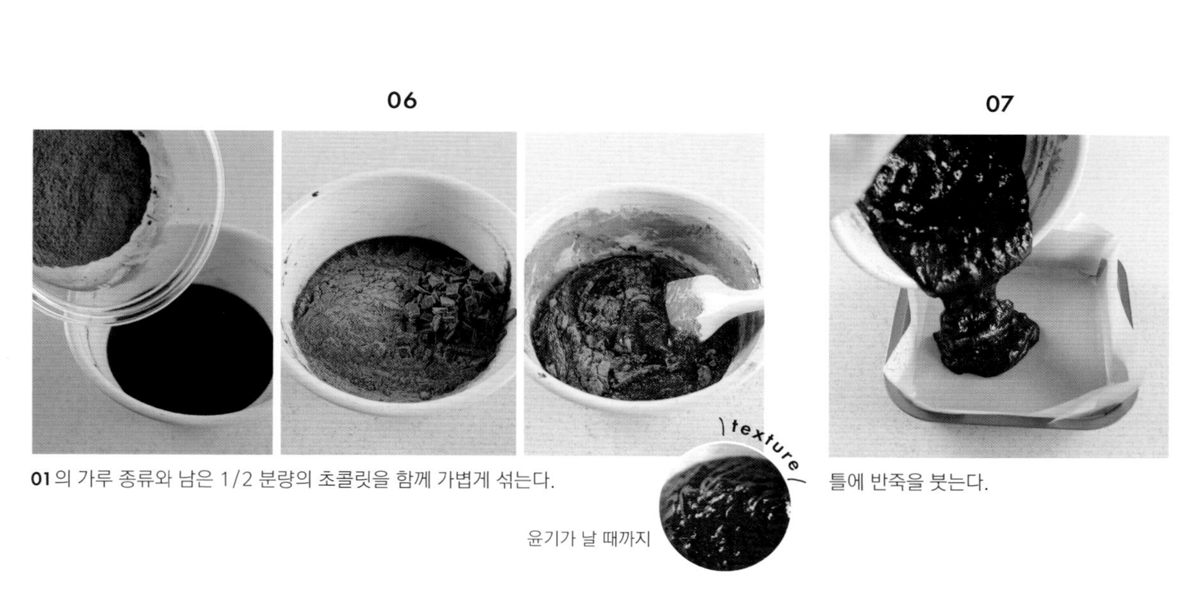

01의 가루 종류와 남은 1/2 분량의 초콜릿을 함께 가볍게 섞는다.

윤기가 날 때까지

틀에 반죽을 붓는다.

08

09

10

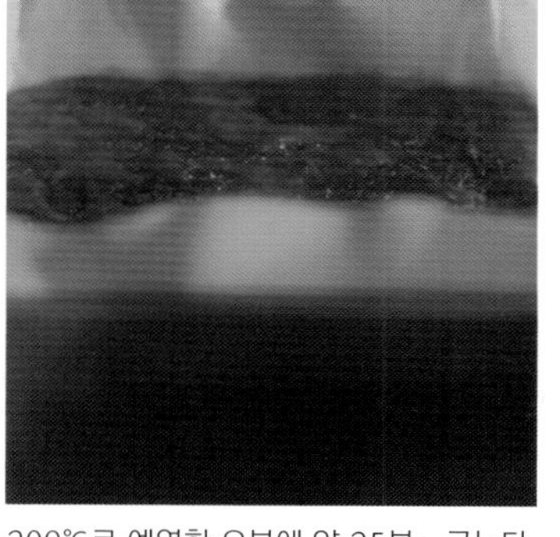

라즈베리 시럽의 수분을 가볍게 털어내고, 과육만 올린다.

200℃로 예열한 오븐에 약 25분~ 굽는다. 탈 것 같으면 알루미늄포일을 덮어준다.

틀째로 식히고, 가로세로 3㎝ 사각형으로 자른다.

Story 2

Muffins

속재료를 즐기기 위한 과자, 바로 머핀입니다

머핀은 저에게 있어 「오코노미야키」입니다. 머핀은 가루를 먹는 과자가 아니라, 속재료를 먹는 과자입니다. 속에 들어가는 재료에 따라 맛이 변해서 과일, 치즈, 초콜릿 같은 재료를 즐기는 과자인 셈이죠.

머핀의 가루는 어디까지나 재료들을 이어주는 역할입니다. 소금 머핀을 예로 들면, 치즈와 속재료를 먹는 느낌입니다. 핫케이크 믹스 머핀도 마찬가지로 핫케이크 믹스 가루가 초콜릿을 이어주는 역할 정도라, 가루 특유의 맛을 싫어하는 사람도 맛있게 먹을 수 있습니다.

플레인 머핀도 캐러멜을 잘게 잘라서 위에 올리거나, 잼을 속에 넣거나 하면서 나만의 레시피로 즐겨보기 바랍니다.

간단, 심플!
매일 먹어도 질리지 않는 맛

오일로 구운 플레인 머핀

Point

볼 하나에는 가루(DRY) 종류를,
다른 하나에는 요구르트나 오일 등의 액체(WET) 종류를 넣고
둘을 한 번에 섞어서 굽는다.
1시간 이내로 빠르게 구울 수 있다는 점도 매력이다.
꼭 좋아하는 토핑을 얹어 즐겨보자.

재료(지름 7㎝ 머핀틀 10개 분량)

A(DRY)

재료	분량
강력분	150g
박력분	150g
베이킹파우더	5g
식용 베이킹소다	5g
설탕	150~200g
소금	1꼬집(0.5g)

B(WET)

재료	분량
플레인 요구르트	200g
오일 (취향에 따라 100~150㎖로 조절 가능)	120㎖
달걀	2개(대)
바닐라오일	6방울

재료	분량
우박설탕(선택)	적당량

준비 재료를 계량한다.
틀에 머핀컵을 깐다.

굽는 시간 190℃ 약 20분~

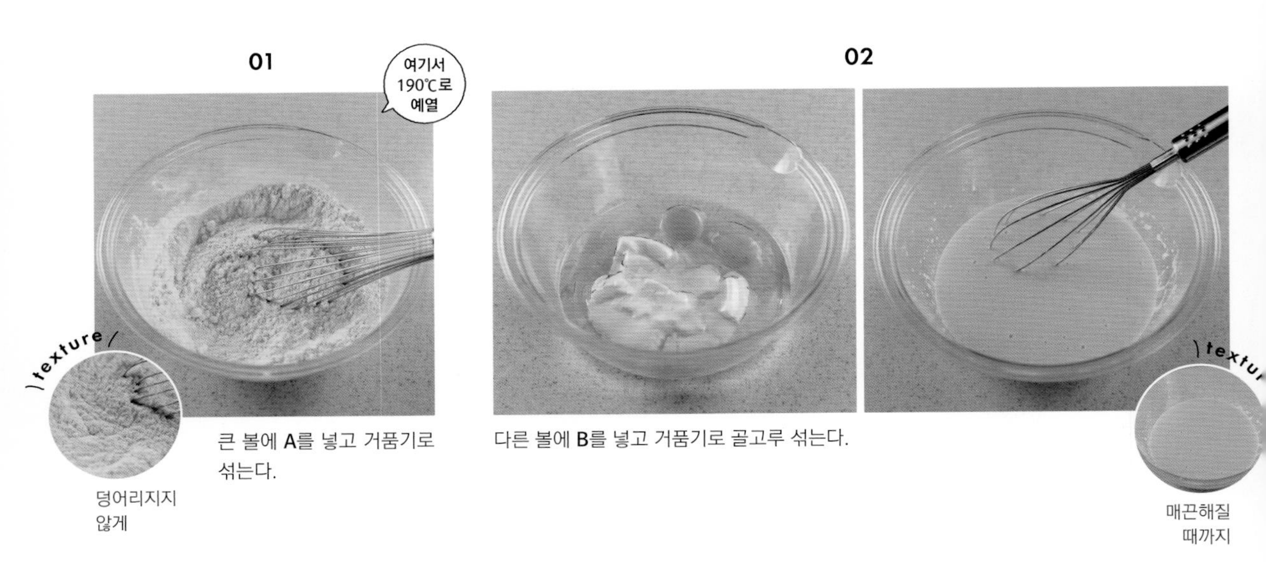

01 큰 볼에 **A**를 넣고 거품기로 섞는다.

02 다른 볼에 **B**를 넣고 거품기로 골고루 섞는다.

03 **01**에 **02**를 한 번에 넣고, 주걱으로 자르듯이 섞는다.

04 틀에 80~90% 채워지도록 반죽을 넣는다.

05

우박설탕을 뿌린다.

06

190℃로 예열한 오븐에 약 20분~ 굽는다.

07

틀에서 꺼내고 한 김 식힌다.

Advice

베이킹파우더뿐 아니라 식용 베이킹소다도 넣으면 독특한 풍미를 낼 수 있다. 꼭 베이킹소다를 넣어 구워보자. 잘게 썬 말린 과일, 호두나 아몬드 등의 견과류, 마시멜로나 오레오 쿠키 등을 토핑해도 좋다.

RECIPE

07

Double Chocolate Muffins

진한 달콤함의
아메리칸 스타일의 맛

핫케이크 믹스로 구운 더블 초콜릿 머핀

Point

우리집 대표 메뉴 초콜릿 머핀.
초콜릿을 통으로 부수어 넣고,
슈거파우더도 넉넉하게 넣어서
핫케이크 믹스 특유의 향과 푸석함을 잡아준다.
또 만들어 달라는 요청이 많은 레시피.

재료(미니머핀틀 24개 분량〈지름 7㎝ 머핀틀이라면 10개 분량〉)

핫케이크 믹스	200g	오일	70㎖
슈거파우더	100g	달걀	1개(대)
코코아파우더	20g	바닐라오일(선택)	2방울
우유	160㎖	판초콜릿	3장(150g)

준비
재료를 계량한다.
짤주머니를 준비한다.
판초콜릿 2장은 잘게, 1장은 굵게 부순다.
틀에 종이머핀컵을 깐다.

굽는 시간 200℃ 약 15분~

01

큰 볼에 핫케이크 믹스, 슈거파우더, 코코아파우더를 넣는다.

02

거품기로 섞는다.

texture

덩어리지지 않게

03

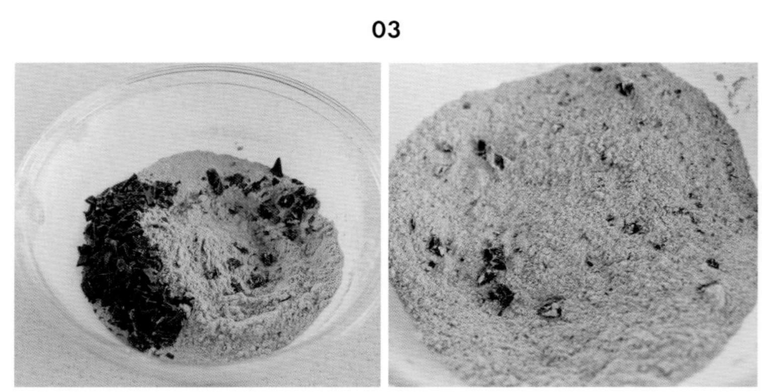

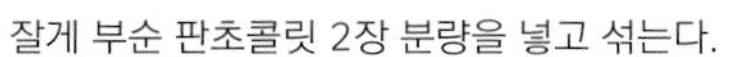

잘게 부순 판초콜릿 2장 분량을 넣고 섞는다.

04

다른 볼에 우유, 오일, 달걀, 바닐라오일을 넣고 거품기로 골고루 섞는다.

05

03에 **04**를 넣는다.

06

주걱으로 자르듯이 섞는다.

매끈해질
때까지

07

짤주머니에 **06**을 넣는다.

08

틀에 60% 채워지도록 반죽을 넣는다. 짤주머니가 없다면 스푼으로 넣어도 된다.

09

남은 판초콜릿 1장 분량을 반죽 위에 장식한다.

10

200℃로 예열한 오븐에 약 15분~ 굽는다. 눌러서 탄력이 있으면 완성.

Advice

스펀지시트 종류는 꼬치로 찔러서 다 구워졌는지 확인하지만, 초콜릿이 들어간 경우는 손가락으로 눌러서 스펀지처럼 탄력이 있는지를 확인한다.

RECIPE
08
Cheese Muffins

치즈의 짠맛과
허브가 주는 악센트

식사용 치즈 머핀

Point

달지 않아 식사용로 좋은 머핀이다.
치즈와 드라이 허브가 들어 있어
아침식사로도, 샐러드와 함께 점심으로도,
고기 요리에 곁들이는 빵으로도 좋다.
꼭 갓 구웠을 때 먹어보자.
식으면 딱딱해지므로 꼭 따뜻하게 해서 먹자.

재료(지름 7㎝ 머핀틀 10개 분량)

A(DRY)
강력분 150g
박력분 150g
베이킹파우더 7g
식용 베이킹소다 3g
소금 5g
검은 후추(취향에 따라) 1g

B(WET)
우유 250㎖
플레인 요구르트 50g
오일 80㎖
달걀 1개(대)
간 마늘 3g

슈레드 치즈 150g
드라이 허브(취향에 맞게) 1.5g
양파 플레이크(취향에 따라) 40g

마무리용
버터 30g

준비 재료를 계량한다.
틀에 종이머핀컵을 깐다.

굽는 시간 180℃ 약 25분~

01 큰 볼에 A를 넣고 거품기로 섞는다.

02 다른 볼에 B를 넣고, 거품기로 골고루 섞는다.

03 **01**에 **02**를 한 번에 넣고, 주걱으로 자르듯이 섞는다.

04 날가루가 남은 상태에서 양파 플레이크, 슈레드 치즈, 드라이 허브를 넣는다.

05 주걱으로 자르듯이 섞는다.

06 틀에 70~80% 채워지도록 반죽을 넣는다.

07 180℃로 예열한 오븐에 25분~ 굽는다.

08

오븐에서 꺼내고, 따뜻할 때 버터를 바른다.

09

틀에서 꺼내어 한 김 식힌다.

Advice

드라이 허브와 양파 플레이크는 생략해도 좋지만 맛의 악센트가 되므로, 되도록 넣는 것이 다양한 맛을 즐길 수 있다. 햄 등을 넣어도 좋다.

Ingredients

칼럼 1

재료에 대하여

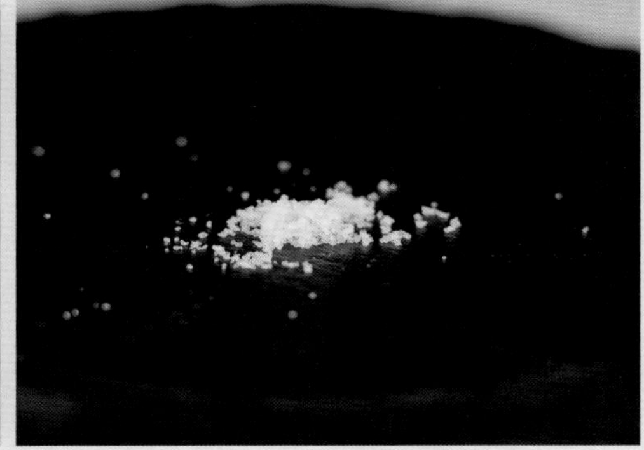

(왼쪽) 슈퍼 바이올렛 밀가루.
(오른쪽) 입자가 고운 그래뉴당.

소금도 중요한 포인트.

입자가 고운 그래뉴당을
확대한 것.

1꼬집은 이 정도.

이 책의 레시피는 모두 손쉽게 마트 등에서 구할 수 있는 재료로 만들 수 있다. 이것이 기본이다. 가루, 버터, 설탕, 여기에 우유나 달걀 등이 있으면 대부분 만들 수 있다.

그래도 재료에 신경을 쓰면 더 좋은 결과물을 얻을 수 있다. 위의 왼쪽 사진에서 왼쪽은 슈퍼 바이올렛이라는 종류의 밀가루다. 일반 마트에서는 거의 팔지 않고, 제과제빵재료점 등에서 구할 수 있다. 그 오른쪽은 입자가 고운 그래뉴당이다. 구움과자를 구울 때는 잘 녹는 그래뉴당을 추천하는데, 사진처럼 입자가 고운 그래뉴당을 사용하면 파운드케이크 등은 특히 결이 곱게 구워진다.

소금 또한 구움과자에서 빼놓을 수 없는 재료다. 개인적으로 정제되지 않은 천연소금을 주로 사용하는데, 이 소금을 사용하면 맛이 달라진다. 이 책에 자주 나오는 1꼬집이란, 사진처럼 0.5g이 기준이다.

Part 2

My Special Baking Note

구움과자

중급

중급 파트에서는 포인트가 몇 가지 있다.
예를 들어, 스콘을 만들 때
버터 등의 재료는 차게 유지한 채 사용할 것,
파운드케이크를 만들 때는
유분과 수분을 제대로 섞어서 유화시킬 것.
여기에 머랭을 다루거나 버터를 태우는 방법 등도
중급 파트에서는 중요해진다.
이들 포인트는 다음 고급 파트에서
과자를 만들 때도 중요하므로
꼭 익혀두기 바란다.

Story 3

Scones

Story 3

과자를 만들 때 「고민할 필요가 없다」는 그 마음가짐을 가르쳐준 과자

17살 때 캐나다에서 홈스테이를 했습니다. 홈스테이 옆집에 이탈리아계 캐나다인 여성이 살고 있었는데, 학교가 끝나면 매일같이 그 집에서 다양한 과자와 요리를 함께 만들었습니다.

어느 날 제가 「스콘을 만들어 보고 싶어요」라고 하자 「스콘? 그런 건 순식간이에요! 지금 바로 만들 수 있어요!」 하며 계량도 하지 않고 볼에 가루, 버터, 요구르트를 잔뜩 넣고 섞어서, 냉장고에 휴지시킨 다음 듬성듬성 잘라서 오븐에 넣었습니다. 단 30분 만에 완성.

맛도 물론 최고였습니다. 밀가루로 과자를 만들 때 고민할 필요가 전혀 없다는 사실을 가르쳐준 과자가 바로 스콘입니다.

생각나면 언제라도!
고민 없이 만들 수 있다

나만의 스콘

Point

스콘은 눈대중으로 만들어도
실패할 확률이 낮은 과자 중 하나지만,
개인적으로 최고라 생각하는 배합을
레시피로 정리했다.
꼭 갓 구웠을 때 즐기기를!
버터향에 마음이 들뜬다.

재료(12개 분량)

A(DRY)

박력분 ······ 150g
강력분 ······ 120g
전립분 ······ 30g
(없는 경우 강력분으로 대체 가능)
베이킹파우더 ······ 6g
버터 ······ 100g
설탕 ······ 50g
소금 ······ 3꼬집(1.5g)

B(WET)

플레인 요구르트 ······ 70g
우유 ······ 70㎖
달걀 ······ 1개(대)

덧가루 ······ 적당량
달걀 ······ 1개
(크기 상관없음)

준비 재료를 계량한다.
버터는 가로세로 1㎝로 깍둑썰기한 후, 냉장고에 넣어 차게 한다.
요구르트, 우유, 달걀은 냉장고에 넣어 차게 한다.

굽는 시간 200℃ 약 25분~

01

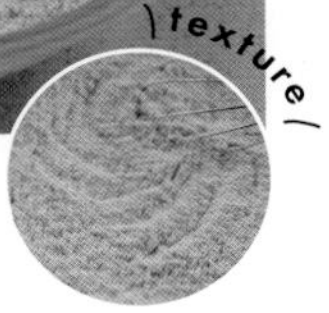

볼에 버터를 제외한 A를 넣고 거품기로 섞는다.

texture

덩어리지지 않게

02

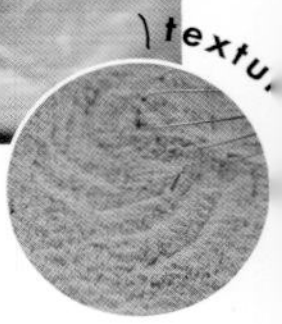

푸드프로세서에 01과 버터를 넣고 포슬포슬해질 때까지 섞는다.

texture

가루 상태가 될 때까지

03

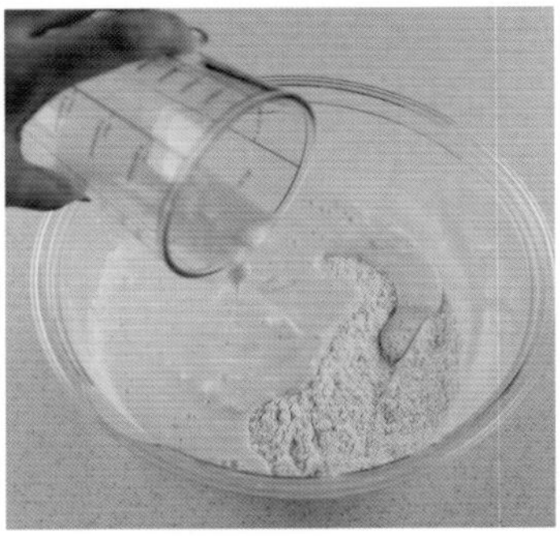

B의 우유, 달걀, 요구르트를 함께 섞고, 02를 담은 볼에 한 번에 붓는다.

04

스크레이퍼 등으로 자르듯이 섞는다.

texture

날가루가 조금 남아있어도 OK

05

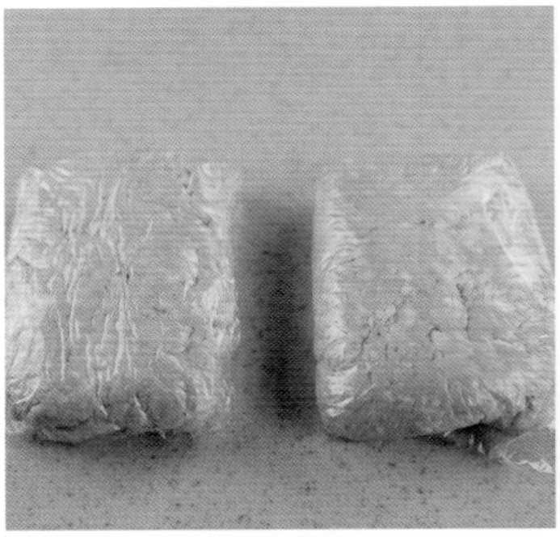

2덩어리로 나누어 비닐랩으로 감싼 다음 냉동실에 15분, 가장자리가 단단해지기 시작할 때까지 휴지시킨다.

06

덧가루를 뿌리고 휴지시킨 반죽을 올린 다음, 그 위에도 덧가루를 뿌린다.

07

밀대로 반죽을 1㎝ 정도 두께로 민다.

08

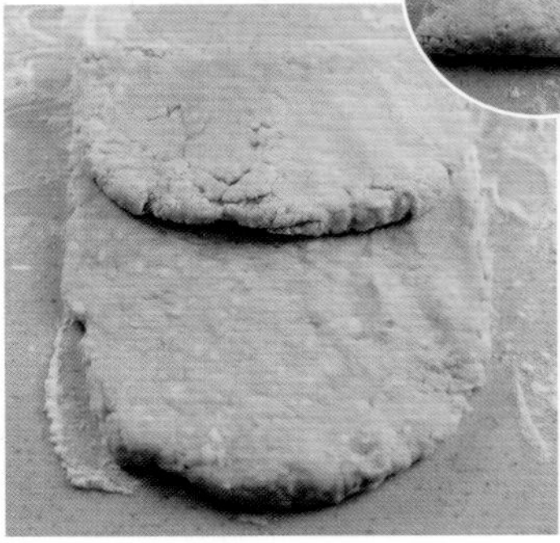

3절접기를 한다. 접을 때 덧가루가 너무 많아 반죽이 잘 붙지 않으면, 덧가루를 솔로 털어낸다.

09

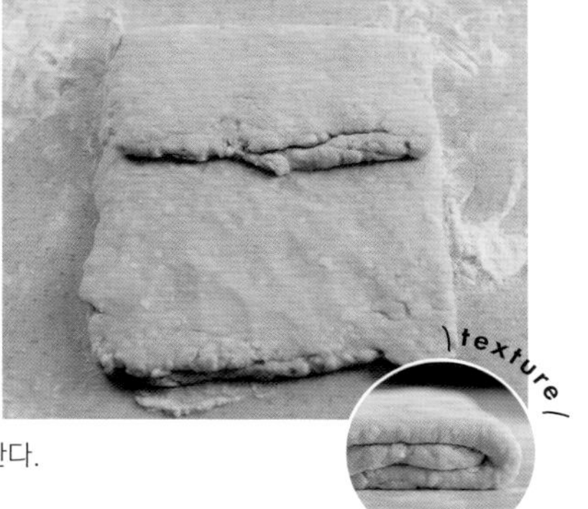

방향을 바꾸어, 다시 밀대로 밀고 3절접기를 한다.

옆에서 봤을 때

10

다시 비닐랩으로 감싸고, 조금 단단해질 때까지 냉동실에 넣어 차게 한다.

11

여기서 200℃로 예열

덧가루를 뿌린 작업대에 반죽을 올리고, 칼에 덧가루를 묻혀서, 모서리가 수직이 되게 자른 다음 각각 6등분한다.

12

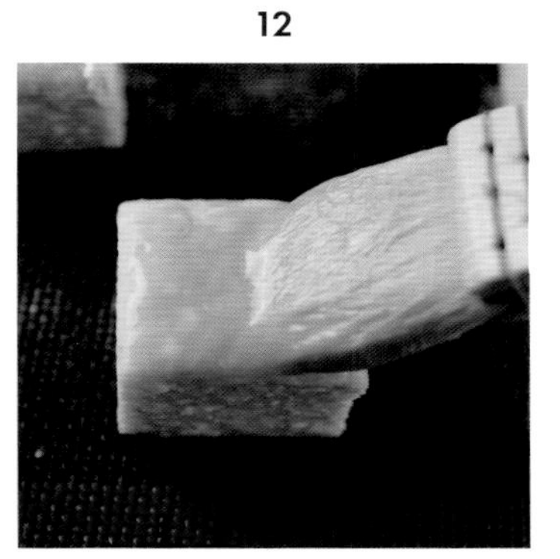

자른 면을 되도록 건드리지 않고 오븐팬 위에 올린 다음, 솔로 표면에 달걀물을 골고루 바른다.

13

200℃로 예열한 오븐에 약 25분~ 노릇하게 굽는다.

Advice

잼 또는 직접 만든 소금생크림(생크림 100㎖에 소금 1g을 넣고 휘핑한 것)과 함께 즐기기를 추천하지만, 냉동보관도 가능하다. 이때 600w 전자레인지에 20~30초 데운 후 토스터기에 한 번 더 바삭하게 구워준다.

스콘의 응용

p.52 「나만의 스콘」에서 재료만 변경하면
다양한 맛의 스콘을 즐길 수 있다.

갓 구웠을 때 즐기자!

초코칩 스콘

p.52
나만의 스콘
재료에 아래 재료를 플러스
+ 초코칩 80g

기존 재료에 초코칩만 더하면 완성.
p.52 「나만의 스콘」 1/2 분량을 초코칩으로 대체하면
동시에 2가지 맛의 스콘을 즐길 수 있다.

건과일을 더한

홍차 스콘

p.52

나만의 스콘

재료에 아래 재료를 플러스

+ 홍차(얼그레이) 15g

말린 과일 70g

위의 2가지 재료를 더하는 것 외에 만드는 방법은 같다.
홍차는 그라인더 등으로 갈아둔다.
말린 과일은 되도록 양주에 절인 것을 사용하자.

식사나 간식으로 제격인

드라이토마토와 갈릭치즈 스콘

p.52

나만의 스콘

재료 일부를 변경

- 설탕 50g → **20g**

+ 드라이토마토 40g

치즈가루 15g

갈릭 시즈닝 6g

(오레가노, 바질 등이 들어간)

양파 플레이크 또는 바싹 구운 베이컨 20g

재료에서 설탕의 양을 변경하고, 드라이토마토 등을 더 넣는다.
양파 플레이크나 바싹 구운 베이컨은 꼭 넣어보기를 바란다.
완성했을 때 풍미가 완전히 다르다.

RECIPE

10

My Special Banana Bread

짙은 향과 촉촉한 식감으로
보다 고급스럽게

유혹의 바나나 브레드

Point

소박하고 달콤한 바나나 브레드.
나만 알고 싶은 황금비율의 소중한 레시피.
바나나를 고운 퓌레로 만들어야
끈적이지 않으면서 탄력 있고 딱딱하지 않게 완성된다.
머핀컵으로 작게 구워서
갓 구운 상태로 먹기를 추천한다.

재료(지름 18cm 쿠겔호프틀 1개 분량)

박력분 ···················· 100g
강력분 ···················· 100g
식용 베이킹소다 ···················· 5g
오일 ···················· 80~100mℓ
버터 ···················· 50g
수수설탕 ···················· 130~150g
(바나나 당도에 따라 조절)
달걀 ···················· 2개(대)
완숙 바나나 ···················· 3개
레몬즙 ···················· 2큰술
(퓌레 상태로 250mℓ)
바닐라오일 ···················· 6방울
소금 ···················· 3g

마무리용

슈거파우더(취향에 따라) ···················· 적당량

준비 재료를 계량한다.
버터와 달걀을 상온에 둔다.
오일에 바닐라오일을 섞어 둔다.

굽는 시간 180℃ 약 40분~ (머핀컵인 경우 약 20분~)

만드는 방법

01

볼에 박력분, 강력분, 식용 베이킹소다, 소금을 넣고 거품기로 섞는다.

texture
덩어리지지 않게

02

바나나와 레몬즙을 핸드블렌더로 섞는다(믹서기로 섞어도 좋다). 250㎖를 계량해 둔다.

03

틀에 오일 스프레이를 뿌린다. 또는 버터를 바르고 덧가루(모두 분량 외)를 뿌린 다음 냉장고에 넣어 차게 한다.

04

여기서 180℃로 예열

볼에 버터를 넣고 거품기로 잘 푼다.

texture
크림 상태가 될 때까지

05

설탕을 넣고 버터와 골고루 섞는다.

texture
보슬보슬한 상태가 될 때까지

06

오일을 넣고, 거품기로 윤기가 날 때까지 골고루 섞는다.

texture
마요네즈 같은 상태가 되면 OK

07

달걀을 1개씩 넣으면서 그때마다 거품기로 골고루 섞는다.

08

02의 바나나 퓨레를 넣고 거품기로 골고루 섞는다.

09

08이 분리되기 전에 바로 가루가 들어 있는 01의 볼에 붓는다.

10

주걱으로 세로로 자르듯이 가루와 함께 섞는다. 너무 섞지 않는다.

치대지 않고 자르듯이

11

틀에 반죽을 넣고 오븐팬에 올린다.

12

180℃로 예열한 오븐에 약 40분~ 굽는다.

13

굽기가 끝나면 틀을 10㎝ 높이에서 2번 떨어뜨려 수증기를 빼고, 틀에서 꺼낸 다음 식힘망 위에 뒤집어 올린다. 식으면 취향에 따라 슈거파우더를 뿌린다.

Advice

오일은 미강유나 포도씨유를 사용하는데, 산화되지 않은 신선한 것이 좋다. 바나나는 껍질에 검은 점이 생길 만큼 완숙된 바나나를 사용하는 것이 좋다.

Story 4

Pound Cake

할머니의 레시피를 응용하여 만든, 한 덩어리로 맛을 즐기는 파운드케이크

여기에서 소개하는 파운드케이크는, 어릴 적 과자 만드는 즐거움을 알려주신 할머니의 레시피가 베이스입니다.

원래 파운드케이크는 밀가루, 버터, 설탕, 달걀 이렇게 4가지 재료를 1:1:1:1로 섞어서 굽는데, 이 책에서는 여러 번 만들면서 가장 맛있었던 배합을 소개합니다.

파운드케이크는 비교적 오래 두고 먹을 수 있어서 선물용으로도 좋습니다. 한 덩어리 통째로 즐기는 파운드케이크의 맛은 각별하죠. 커팅하면 아무래도 수분이 증발하여 맛이 떨어집니다. 덩어리째 대접하면, 지금까지와는 다른 맛을 맛볼 수 있어서 모두가 좋아합니다.

Dried Fruit Pound Cake

버터향 나는 반죽에
말린 과일이 주는 악센트

말린 과일 파운드케이크

Point

간단하게 선물해야 할 때,
또는 초대 선물로도 들고 가면 좋은
리치한 파운드케이크.
달걀을 넣고 충분히 섞어서 유화시켜야
가볍고 부드러운 식감이 완성된다.

재료(18 × 8 × 6㎝ 파운드틀 1개 분량)

박력분······75g
아몬드파우더······25g
베이킹파우더······2g
버터······100g
달걀······1개(대)
그래뉴당······80g
소금······1꼬집(0.5g)

양주에 절인 말린 과일······75g

마무리용

양주(브랜디, 럼 등)······30㎖
꿀······1큰술
슈거파우더(취향에 따라)······적당량

준비
재료를 계량한다.
버터와 달걀을 상온에 꺼내 둔다.
달걀을 푼다.
파운드틀 안쪽에 오일 스프레이를 뿌리거나 유산지를 깐다.
말린 과일을 잘게 썬다.

굽는 시간 170℃ 약 40분~

01

박력분, 베이킹파우더, 소금을 함께 섞어 체로 2번 친다.

02

아몬드파우더를 체로 2번 친다.

03

볼에 버터를 넣고 핸드믹서로 3분 정도 푼다.

크림 상태가 될 때까지

04

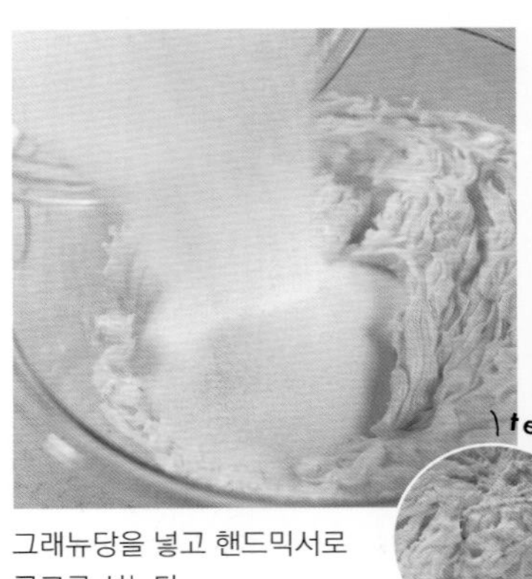

그래뉴당을 넣고 핸드믹서로 골고루 섞는다.

하얗고 폭신해질 때까지

05

texture

02를 넣고 핸드믹서로 골고루 섞는다.

폭신해질 때까지

06

푼 달걀을 약 1큰술씩 넣으면서, 매끈해질 때까지 핸드믹서로 반복해서 섞는다.

유화로 반들반들해진 반죽

07

01을 넣고 주걱으로 반죽을 세로로 자르듯이 섞는다. 치대지 않고 바닥부터 가볍게 뒤집으면서 섞는다.

08

날가루가 조금 남아 있는 상태에서 말린 과일을 넣고, 주걱으로 자르듯이 섞는다.

09

파운드틀에 넣고 작업대에 5번 가볍게 쳐서 공기를 뺀다.

10

주걱으로 가운데 반죽을 양끝으로 끌어올린다.

11

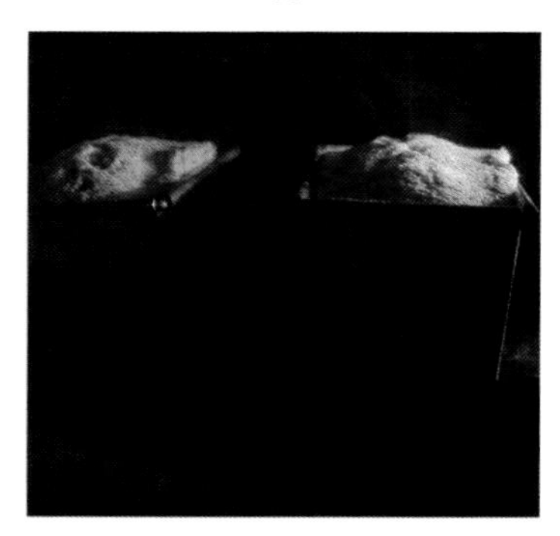

오븐팬에 올려 170℃로 예열한 오븐에 약 40분~ 노릇하게 굽는다.

12

틀을 10㎝ 높이에서 떨어뜨려 빵의 수축을 막는다. 오븐시트를 깐 식힘망 위에 틀과 분리하여 올려 놓는다. 꿀을 섞은 양주를 데워서 표면에 솔로 바른다.

13

따뜻할 때 비닐랩으로 밀봉하고, 식으면 냉장고에 2일 휴지시킨다. 먹을 때는 취향에 따라 슈거파우더를 뿌린다.

RECIPE
12
Maccha Pound Cake

가벼운 식감과 함께
입안에 퍼지는 말차향

말차 파운드케이크

Point

반죽에 말차와 팥을 섞어서 넣은
가볍고 촉촉한 파운드케이크.
몇 번이나 레시피를 고쳐가면서
마침내 만족할 만한 향과 맛에 도달했다.
주인공 말차는 꼭 양질의 것을 사용하자.

재료(18 × 8 × 6㎝ 파운드틀 1개 분량)

박력분 ······ 75g
아몬드파우더 ······ 25g
베이킹파우더 ······ 2g
말차 ······ 5g
버터 ······ 100g
달걀 ······ 1개(대)
설탕 ······ 60g
꿀 ······ 15g
소금 ······ 2g
삶은 팥(단 것) ······ 75g

마무리용
매실주 ······ 30㎖
(양주 30㎖ + 꿀 1큰술 또는 설탕 10g으로 대체 가능)
슈거파우더(취향에 따라) ······ 적당량

준비
재료를 계량한다.
버터와 달걀을 상온에 꺼내 둔다.
달걀을 푼다.
파운드틀 안쪽에 오일 스프레이를 뿌리거나 유산지를 깐다.
삶은 팥은 물기를 빼 둔다.

굽는 시간 170℃ 약 40분~

만드는 방법 *사진은 파운드케이크 2개 분량

01

박력분, 말차, 베이킹파우더, 소금을 함께 섞고 체로 2번 친다.

02

아몬드파우더를 체로 2번 친다.

03

볼에 버터를 넣고 핸드믹서로 3분 정도 푼다.

texture
크림 상태가 될 때까지

04

꿀을 넣고 핸드믹서로 골고루 섞는다.

texture
끈기가 생길 때까지

05

설탕을 3번에 나누어 넣고, 그때마다 핸드믹서로 골고루 섞는다.

texture
하얗고 폭신한 반죽이 될 때까지

06

02를 넣고, 윤기가 나며 잘 어우러질 때까지 핸드믹서로 섞는다.

texture
윤기가 날 때까지

07

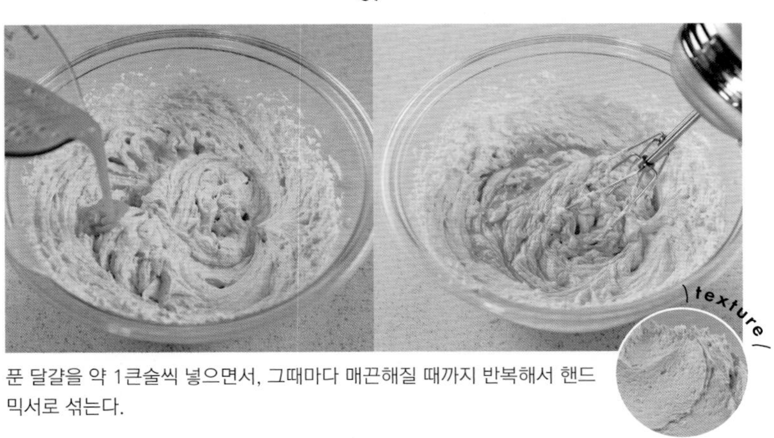

푼 달걀을 약 1큰술씩 넣으면서, 그때마다 매끈해질 때까지 반복해서 핸드믹서로 섞는다.

texture
유화로 반들반들해진 반죽

08

01을 넣고 주걱으로 4번 세로로 자르듯이 섞는다. 바닥부터 가볍게 뒤집으면서 섞는다.

09

날가루가 조금 남아있는 상태에서 팥을 넣고, 주걱으로 자르듯이 섞는다.

윤기가 날 때까지 섞는다

10

파운드틀에 넣고 작업대에 5번 가볍게 쳐서 공기를 뺀다.

11

주걱으로 가운데 반죽을 양끝으로 끌어올린다.

12

오븐팬에 올려 170℃로 예열한 오븐에 약 40분~ 노릇하게 굽는다.

13

틀을 10㎝ 높이에서 떨어뜨려 빵의 수축을 막고, 오븐시트를 깐 식힘망 위에 틀과 분리하여 올려 놓는다.

14

따뜻할 때 솔로 매실주를 바른다.

15

따뜻할 때 비닐랩으로 밀봉하고, 식으면 냉장고에 2일 휴지시킨다. 먹을 때는 취향에 따라 슈거파우더를 뿌린다.

RECIPE
13
Orange Chocolate Pound Cake

럼주로 풍미를 더한
고급스러운 맛의 완성

오렌지 초콜릿 파운드케이크

Point

다크 초콜릿과 오렌지필의 감미로운 조화.
진한 맛으로 럼주향이 코끝을 스친다.
크림치즈를 넣어 반죽은 촉촉하다.
와인 안주로도 좋다.

재료(18 × 8 × 6㎝ 파운드틀 1개 분량)

박력분	75g
코코아파우더	17g
아몬드파우더	30g
버터	100g
베이킹파우더	2g
달걀	1개(대)
설탕	90g
오렌지필(양주에 절인)	75g
판초콜릿(다크)	1장(50g)
크림치즈	25g
소금	0.5g

마무리용

양주(럼주 등)	30㎖
꿀	1큰술
슈거파우더(취향에 따라)	적당량

준비
재료를 계량한다.
버터와 달걀을 상온에 꺼내 둔다.
달걀을 푼다.
파운드틀 안쪽에 오일 스프레이를 뿌리거나 유산지를 깐다.
판초콜릿, 오렌지필은 잘게 썬다.

굽는 시간 170℃ 약 40분~

만드는 방법 *사진은 파운드케이크 2개 분량

01

박력분, 코코아파우더, 베이킹파우더, 소금을 함께 섞고 체로 2번 친다.

02

아몬드파우더를 체로 2번 친다.

03

볼에 버터를 넣고 핸드믹서로 3분 정도 푼다.

크림 상태가 될 때까지

04

설탕을 넣고 핸드믹서로 골고루 섞는다.

하얗고 폭신한 반죽이 될 때까지

05

크림치즈를 넣고 핸드믹서로 골고루 섞는다.

06

02를 넣고 골고루 섞는다.

폭신해질 때까지

07

푼 달걀을 약 1큰술씩 넣으면서, 그때마다 매끈해질 때까지 반복해서 핸드믹서로 섞는다.

반들반들해진 반죽

08

01을 넣고 주걱으로 자르듯이 섞는다.

날가루가 조금 남아있는
상태가 될 때까지

09

오렌지필과 판초콜릿을 넣고
주걱으로 자르듯이 섞는다.

윤기가
날 때까지

10

파운드틀에 넣고 작업대에 5번 가볍게 쳐서 공기를 뺀다.

11

주걱으로 가운데 반죽을 양끝으로 끌어올린다.

12

오븐팬에 올려, 170℃로 예열한 오븐에 약 40분~ 노릇하게 굽는다.

13

틀을 10㎝ 높이에서 떨어뜨려 빵의 수축을 막고, 오븐시트를 깐 식힘망 위에 틀과 분리하여 올려 놓는다. 꿀을 섞은 양주를 데워서 솔로 표면에 바른다.

14

따뜻할 때 비닐랩으로 밀봉하고, 식으면 냉장고에 2일 휴지시킨다. 먹을 때는 취향에 따라 슈거파우더를 뿌린다.

Advice

럼주 대신 취향에 맞는 양주를 사용해도 좋다. 아이 간식용으로 만들거나, 술을 좋아하지 않는 경우에는 마무리할 때 물 50㎖와 설탕 30g을 섞은 시럽 또는 오렌지주스를 발라도 좋다.

Earl Grey Tea Pound Cake

얼그레이 향이 감미롭다!
겉은 바삭, 속은 촉촉

홍차 파운드케이크

Point

파운드케이크 반죽에
홍차를 찻잎째 넣어,
부드러움에 홍차의 향이 더해졌다.
겉은 바삭, 속은 촉촉하게 완성했다.
잘 식힌 후에 커팅하자.

재료(18 × 8 × 6㎝ 파운드틀 1개 분량)

재료	분량
박력분	80g
아몬드파우더	25g
베이킹파우더	2g
버터	100g
우유	4㎖
달걀	1개(대)
그래뉴당	80g
소금	0.5g
찻잎(얼그레이)	4g

마무리용

재료	분량
양주(쿠앵트로)	30㎖
꿀(또는 설탕)	1큰술
슈거파우더(취향에 따라)	적당량

준비
재료를 계량한다.
버터와 달걀을 상온에 꺼내 둔다.
달걀을 푼다.
파운드틀 안쪽에 오일 스프레이를 뿌리거나 유산지를 깐다.
찻잎은 그라인더나 절구로 잘게 다진다.

굽는 시간 170℃ 약 45분~

만드는 방법 *사진은 파운드케이크 2개 분량

01

박력분, 베이킹파우더, 소금을 함께 섞고 체로 2번 친다. 아몬드파우더를 체로 2번 친다.

02

볼에 버터를 넣고 핸드믹서로 3분 정도 푼다.

크림 상태가 될 때까지

03

그래뉴당을 3번에 나누어 넣고, 그때마다 핸드믹서로 골고루 섞는다.

하얗고 폭신한 반죽이 될 때까지

04

01의 아몬드파우더를 넣고 윤기가 날 때까지 섞는다.

반들반들해진 반죽

05

푼 달걀을 약 1큰술씩 넣으면서, 그때마다 매끈해질 때까지 핸드믹서로 반복해서 섞는다.

반들반들해진 반죽

06

체로 친 **01**의 가루와 찻잎을 섞어서 **05**의 볼에 넣는다.

07

주걱으로 반죽을 세로로 자르듯이, 바닥부터 가볍게 뒤집으면서 섞는다.

08

반죽에 윤기가 나면 우유를 넣고 섞는다.

09

파운드틀에 넣고 작업대에 5번 가볍게 쳐서 공기를 뺀다. 주걱으로 가운데 부분을 양끝으로 끌어올린다.

10

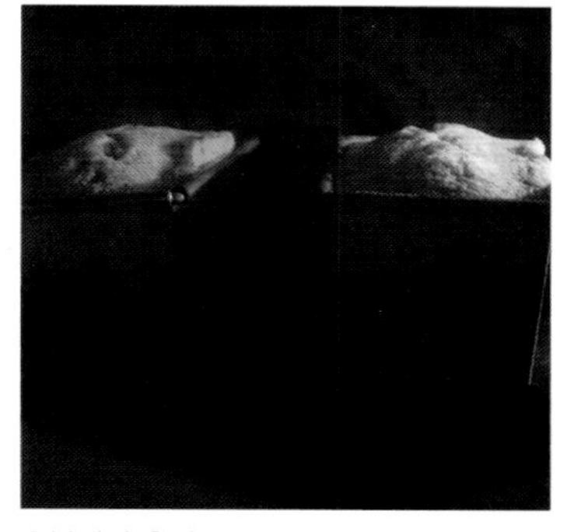

오븐팬에 올려, 170℃로 예열한 오븐에 약 45분~ 굽는다. 표면에 탄력이 생기면 완료.

11

틀을 10㎝ 높이에서 떨어뜨려 빵의 수축을 막고, 오븐시트를 깐 식힘망 위에 틀과 분리하여 올려 놓는다. 양주와 꿀을 섞은 시럽을 데워서 솔로 바른다.

12

따뜻할 때 비닐랩으로 밀봉하고, 식으면 냉장고에 2일 휴지시킨다. 먹을 때는 취향에 따라 슈거파우더를 뿌린다.

Advice

홍차는 원하는 찻잎을 넣어도 좋지만, 베르가모트향을 입힌 얼그레이가 향이 좋아 추천한다.

RECIPE
15
Chocolate Cake

재료는 적지만 완벽한 맛!
밸런타인데이에도 잘 어울리는

가토 쇼콜라

Point

버터를 사용하지 않고 최소한의 재료로
간단하게 만들 수 있는 가토쇼콜라.
표면이 바삭하게 갈라지는 배합이라
식으면 겉은 바삭바삭, 속은 촉촉하게 완성된다.
생크림이나 딸기를 장식해 보자.

재료(18㎝ 원형틀 1개 분량)

박력분 ········· 40g
판초콜릿(다크) ········· 3장(150g)
생크림 ········· 100㎖
설탕 ········· 100g
달걀노른자 ········· 3개 분량(대)
달걀흰자 ········· 3개 분량(대)

마무리용

슈거파우더(취향에 따라) ······· 적당량

준비
재료를 계량한다.
달걀을 노른자와 흰자로 분리하고, 흰자는 냉장고에서 차게 한다.
달걀노른자와 생크림은 상온에 꺼내 둔다.
틀(바닥에만)에 유산지를 깐다.

굽는 시간 170℃ 약 35분~

01

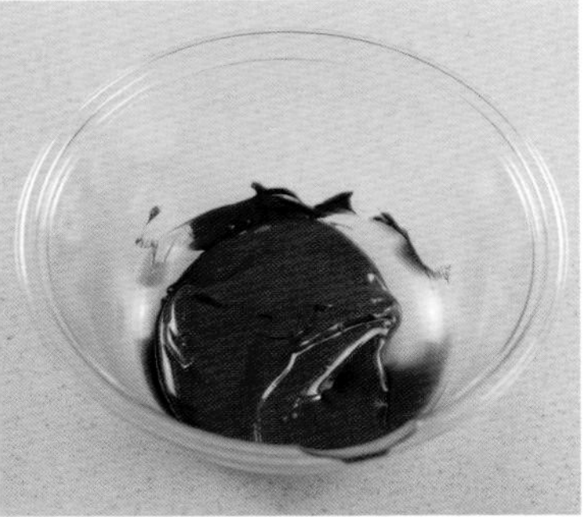

내열볼에 판초콜릿을 부수어 넣고, 500w 전자레인지에 2분 가열한다. 덜 녹았으면 상태를 보면서 10초씩 추가로 가열한다.

02

01에 생크림을 넣고 주걱으로 충분히 섞는다.

매끈해질 때까지

03

여기에 달걀노른자를 넣고 주걱으로 섞는다.

04

설탕 1/2 분량을 넣고 주걱으로 섞는다.

윤기가 날 때까지 충분히

Advice

추운 시기에는 초콜릿 반죽이 상온에서 쉽게 굳으므로, 머랭을 먼저 만들어서 냉장고에 넣어두고 초콜릿 반죽을 만들어도 좋다.

05

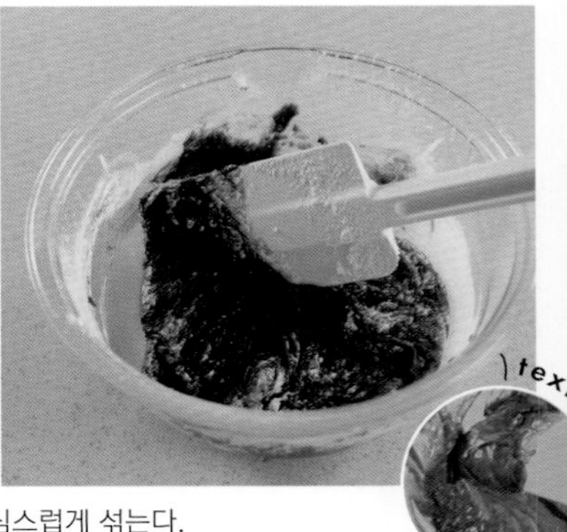

박력분을 체로 쳐서 넣고, 주걱으로 가루를 조심스럽게 섞는다.

날가루가 안 보일 때까지

06

달걀흰자를 냉장고에서 꺼낸 다음 나머지 설탕을 넣고, 핸드믹서를 고속으로 설정하여 한 번에 거품을 내서 머랭을 만든다.

texture

뿔이 뾰족하게 서고 윤기가 난다

07

여기서 170℃로 예열

05에 06의 머랭 1/3 분량을 넣고 주걱으로 충분히 섞는다.

texture

가볍게 섞는다

08

texture

리본 모양으로 떨어지면 OK

나머지 머랭도 1/2 분량씩 넣으면서 섞는다. 마지막에 섞을 때는 가볍게 마무리한다.

09

틀보다 10㎝ 정도 높은 위치에서 붓는다.

10

2~3번 틀을 흔들어 반죽을 정리한다.

11

170℃로 예열한 오븐에 약 35분~ 굽는다.

12

틀째로 완전히 식힌 다음 꺼내고, 취향에 따라 슈거파우더를 뿌린다.

Creamy Cupcakes

견딜 수 없는 진한 달걀의 풍미와
폭신폭신한 반죽

크림 컵케이크

Point

버터를 사용하지 않고
대신 생크림을 사용한
부드럽고 촉촉한 컵케이크.
크기는 작지만「케이크」로서
존재감은 확실하기 때문에
무심코 데코레이션을 하고 싶어질지도?

재료(지름 7㎝ 머핀틀 10개 분량)

박력분 ······ 70g
생크림(유지방 함량 40% 이상) ······ 60㎖
설탕 ······ 70g
달걀노른자 ······ 4개 분량(대)
달걀흰자 ······ 2개 분량(대)

준비 재료를 계량한다.
달걀노른자는 상온에 꺼내 둔다.
달걀흰자와 생크림은 냉장고에서 차게 한다.
틀에 종이머핀컵(지름 7㎝)을 깐다.

굽는 시간 170℃ 약 15분~

01

달걀노른자와 설탕 1큰술을 끈기가 생길 때까지 핸드믹서로 휘핑한다.

02

생크림에 나머지 설탕의 1/2 분량을 넣고 핸드믹서로 90% 휘핑한다.

texture

뿔이 설 때까지

03

달걀흰자에 나머지 설탕을 넣고 핸드믹서로 단단한 머랭을 만든다.

texture

뿔이 설 때까지

04

02에 **01**을 섞는다.

05

여기서 170℃로 예열

04에 **03**의 머랭을 3번에 나누어 넣고, 그때마다 가볍게 섞는다.

texture

머랭이 조금 덜 섞인 상태에서 멈춘다

06

박력분을 체로 쳐서 넣고, 거품기로 반죽을 바닥부터 한 번에 떠서 가운데 떨어뜨리며 치대지 않고 섞는다.

texture

폭신하고 윤기가 날 때까지

07

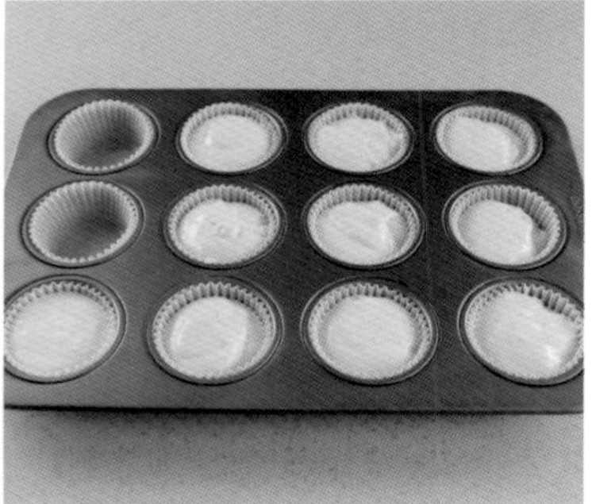

틀에 90% 채워지도록 스푼으로 반죽을 흘려 넣는다.

08

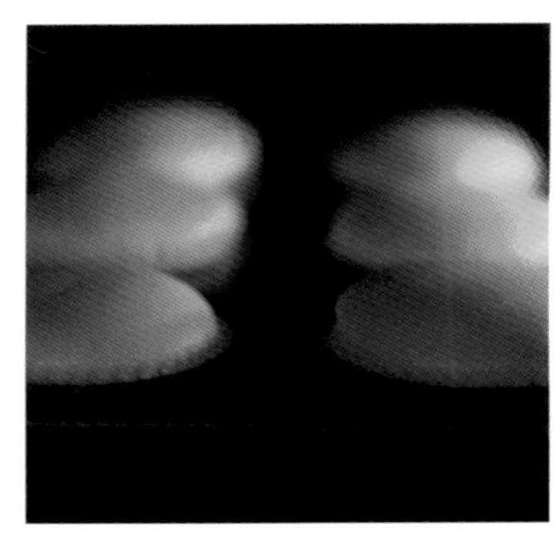

170℃로 예열한 오븐에 약 15분~ 은은하게 색이 날 때까지 굽는다.

09

뜨거울 때 조심스럽게 오븐에서 꺼내고, 틀째로 2~3번 가볍게 테이블을 쳐서 공기를 뺀 다음, 식힘망 위에 올려서 식힌다.

Advice

생크림을 휘핑할 때는, 볼 밑에 보냉제나 얼음물을 받치는 등 생크림이 녹지 않게 대책을 마련한다.

RECIPE
17
Browned Butter Madeleines

촉촉하고 향이 좋은
고급 구움과자의 여왕

태운 버터로 만든 정통 마들렌

Point

버터를 천천히 짙은 갈색이 날 때까지 태우고
불순물을 걸러낸「태운 버터」로 만든
고급스러운 정통 마들렌.
반죽을 휴지시키다 보니 시간이 조금 걸리지만,
특별한 날을 위한 선물로 좋다.

재료(미니마들렌틀 50개 분량)

박력분……150g
베이킹파우더……3g
설탕……100g
꿀……100g
달걀……4개(대)
버터……120g
(태운 버터용 / 완성 분량에서 100㎖ 사용)

준비 재료를 계량한다.
굽는 시간 190℃ 약 10분~

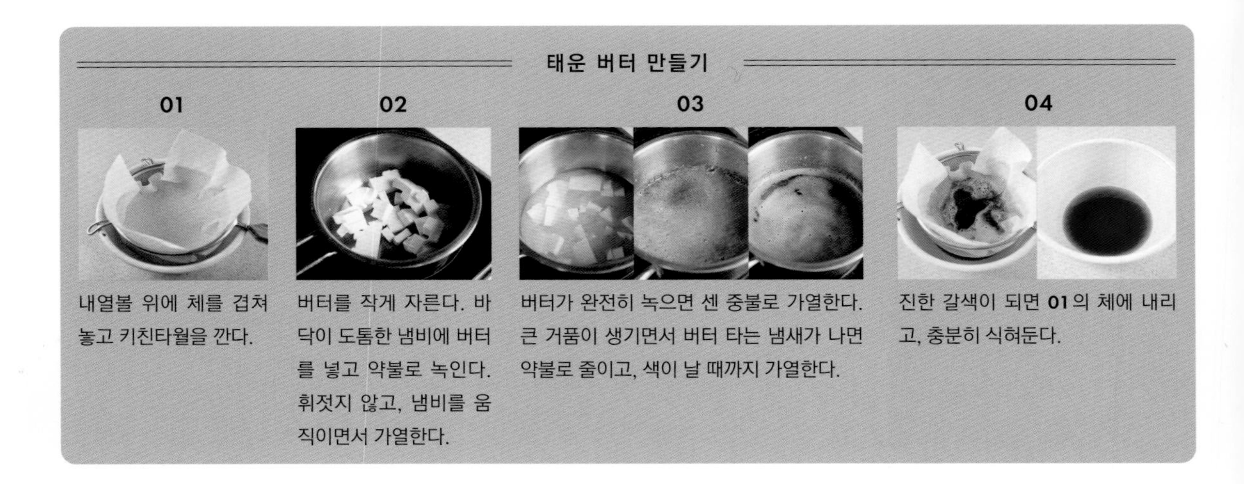

태운 버터 만들기

01

내열볼 위에 체를 겹쳐 놓고 키친타월을 깐다.

02

버터를 작게 자른다. 바닥이 도톰한 냄비에 버터를 넣고 약불로 녹인다. 휘젓지 않고, 냄비를 움직이면서 가열한다.

03

버터가 완전히 녹으면 센 중불로 가열한다. 큰 거품이 생기면서 버터 타는 냄새가 나면 약불로 줄이고, 색이 날 때까지 가열한다.

04

진한 갈색이 되면 **01**의 체에 내리고, 충분히 식혀둔다.

마들렌 반죽 만들기

01

달걀은 흰자와 노른자로 나눈다.

02

흰자에 설탕을 넣고, 거품기로 함께 섞는다.

뽀얗게 거품이 균일해질 때까지

03

노른자 4개 분량을 넣고 거품기로 함께 섞는다.

04

박력분과 베이킹파우더를 체로 쳐 넣는다.

05

글루텐이 생기도록 거품기로 충분히 섞는다.

거품기 자국이 남을 때까지

06

태운 버터를 넣고 거품기로 충분히 섞는다.

07

꿀을 넣고 거품기로 충분히 섞는다.

걸쭉해질 때까지

08

깨끗한 용기에 반죽을 넣고 냉장고에 최소 3시간, 가능하면 하룻밤 휴지시킨다.

09

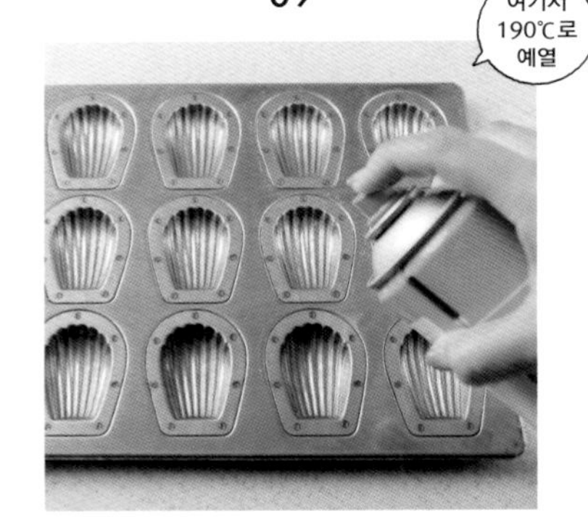

마들렌틀에 오일스프레이를 뿌린다. 또는 버터를 바르고 밀가루(분량 외)를 뿌린다.

10

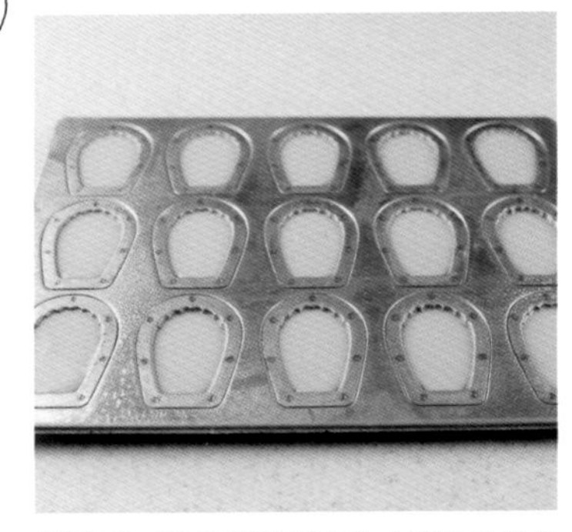

틀이 80~90% 채워지도록, 스푼으로 마들렌 반죽을 흘려 넣는다.

11

오븐팬에 올려 190℃로 예열한 오븐에 10분~ 굽는다.

12

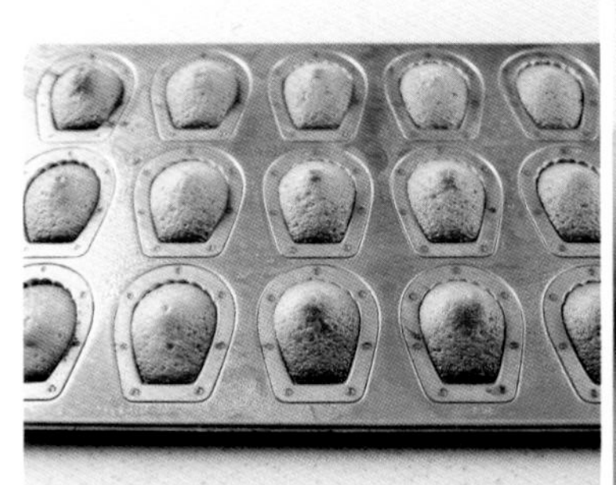

오븐에서 꺼내어 틀과 분리한다.

Tools

칼럼 2

도구에 대하여

(오른쪽부터) 고무주걱은 큰 것이 쓰기 편하다. 칼은 냉동한 것, 스펀지케이크, 과일 등 자르는 대상에 따라 구분해서 쓴다. 왼쪽부터 세키마고로쿠(関孫六), 키친 파라다이스의 「나미주(なみじゅう)」, 에치젠우치하모노(越前打刃物)를 주로 쓴다. 계량스푼은 바닥에 놓고 계량 가능한 카이지루시 제품. 계량컵은 50㎖까지 계량 가능한 카이지루시의 「료리카노잇핀(料理家の逸品)」을 사용한다. 스크레이퍼는 단단함이 다른 2종류를 쓴다. 너클 모양의 도구는 「페이스트리 커터」라는, 버터를 자르면서 가루 종류를 섞을 때 쓰는 도구. 푸드프로세서는 레콜트(récolte). 힘이 강하고 콤팩트한 점이 매력이다.

틀도 되도록 철제를 사용하면, 열전도가 좋아 고르게 구울 수 있다. 오른쪽 위 머핀틀은 캘팔론(Calphalon), 파운드틀은 마지마야(馬嶋屋) 과자도구점의 오리지널, 마들렌틀은 마츠나가(松永) 제작소의 제품이다.

과자를 만들 때는 당연히 도구가 필요하다. 오븐, 볼, 계량컵, 전자저울, 밀대 등은 필수이고, 때로는 냄비 등도 필요하다. 섞거나 휘핑할 때는 거품기도 괜찮지만 힘이 제법 드니 핸드믹서를 추천한다. 고무주걱과 스크레이퍼 등 자잘한 도구는 다이소 등에서도 구할 수 있지만, 되도록 품질이 더 나은 것으로 제과제빵 도구 전문점에서 구입하기를 추천한다.

사진 속 제품은 모두 개인적으로 잘 맞고 애용하는 도구다. 이것저것 따지다 보면 돈이 많이 들기 때문에, 처음에는 필요한 것만 갖추고 천천히 좋은 제품을 채워 가는 편이 낫다.

Part 3

My Special Baking Note

구움과자

고급

이 파트에서는 전용 구움과자틀을 사용하거나
필링을 만드는 등,
손이 많이 가는 레시피를 모았다.
쿠키나 머핀,
파운드케이크 등을 만드는 데 익숙해졌다면
도전할 만한 레시피가 많다.
처음이라 실패할 수도 있지만
여러 번 시도하다 보면 반드시 성공할 것이다.
특별한 날에는 꼭 이 과자들을 구워보자.

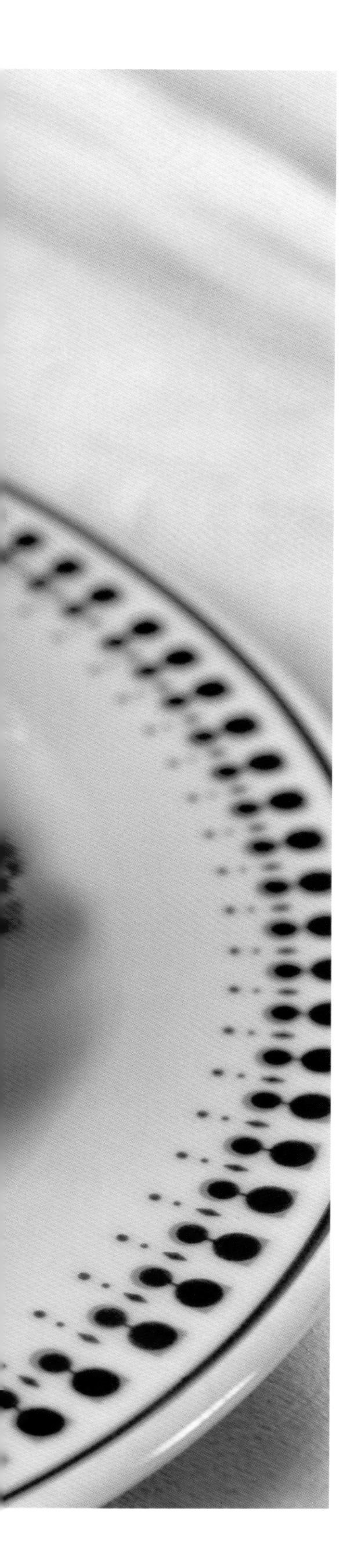

아몬드와 사블레 반죽으로 구운
바삭함의 끝판왕!

플로랑틴

Point

사블레 반죽에 캐러멜라이즈 아몬드를 올린
플로랑틴을 핸드메이드로!
조금 번거롭지만 맛은 틀림없다.
굽는 시간이 부족하면 기름기가 생기므로
조심해야 할 포인트.

재료(20×16㎝ 트레이 1판 분량 낱개로 약 30개 분량)

사블레 반죽

박력분	85g
전립분	20g
아몬드파우더	20g
버터	70g
슈거파우더	50g
달걀(푼 상태)	20g
소금	0.3g

캐러멜 아몬드

아몬드 슬라이스	150g
버터	50g
생크림	50㎖
그래뉴당	25g
꿀	25g

준비 재료를 계량한다.
트레이에 오븐시트를 깐다.
사블레 반죽에 사용할 버터는 가로세로 1㎝로 깍둑썰기하고, 냉장고에서 차게 한다.

굽는 시간 170℃ 25분~, 180℃로 올려서 30분~

01

아몬드 슬라이스를 오븐 팬에 가지런히 올리고, 150℃로 예열한 오븐에 20분 굽는다.

texture
연한 갈색이 될 때까지

02

박력분, 전립분, 아몬드파우더, 슈거파우더, 소금을 함께 섞고 체로 친다.

03

푸드프로세서에 **02**와 버터(70g)를 넣고 섞는다.

texture
포슬포슬하게

04

03을 볼에 담고, 달걀을 넣어 전체를 자르듯이 섞는다.

texture
몽글몽글해질 때까지

05

비닐봉투에 넣고, 위에서 눌러 평평하게 만든다.

06

냉장고에 30분~1시간 휴지시킨다.

07

여기서 170℃로 예열

8㎜~1㎝ 정도 두께가 되도록 비닐봉투 위를 밀대로 민 다음, 꺼내어 틀에 깐다.

08

포크로 반죽 전면에 구멍을 낸다.

09

170℃로 예열한 오븐에 약 25분~ 1차로 굽는다. 가장자리에 색이 나면 완료.

10

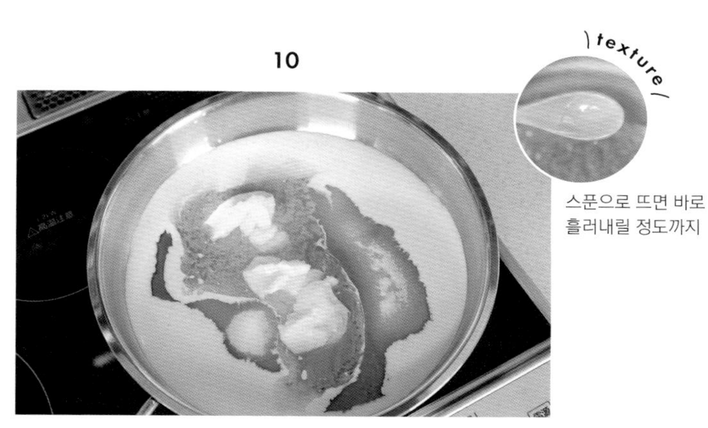

texture

스푼으로 뜨면 바로 흘러내릴 정도까지

프라이팬에 버터(50g), 생크림, 그래뉴당, 꿀을 넣고 중불에 올린다. 버터가 녹으면 그대로 전체를 흔들면서 가열한다. 거품에 끈기가 생기고 전체가 하얗게 되면 완료.

11

여기서 180℃로 예열

01의 아몬드 슬라이스를 **10**에 넣고 전체를 섞는다. 아몬드가 부서지지 않게 조심한다.

12

1차로 구운 **09**의 반죽 위에 **11**을 펼쳐 올리고, 조심스럽게 눌러서 표면을 정리한다.

13

texture

아래쪽 반죽색은 이 정도가 기준

180℃로 예열한 오븐에 약 30분~ 노릇한 색이 날 때까지 굽는다. 밑에 깔린 쿠키 반죽까지 고르게 굽는다.

14

굽기가 끝나면 오븐에서 꺼내고, 쿠키 반죽이 아직 부드러울 때 자른다. 우선 아몬드 부분을 톱니가 달린 빵칼로 자르고, 일반 식칼로 바꾸어 쿠키 반죽을 누르면서 자른다.

15

4×4㎝의 크기로 자른다.

Story 5

Chiffon Cake

몇 번이고 다시 만들면서
요령을 터득해야 하는 과자

시폰케이크는 제가 따로 배우지 않고 스스로 익힌 케이크 중 하나입니다. 예전에는 아는 사람만 아는 마법의 케이크였어요. 첫째를 출산하고 친정에 있을 때「이런 거 좋아하지?」하면서 어머니가 시폰틀을 사준 일이 계기가 되었습니다.

시폰케이크는 반죽 다루기가 까다로워서 성공하기 어렵다는 인식이 있는데, 머랭 거품이 꺼지지 않게 주의하면서 반죽을 충분히 섞어주는 것이 포인트입니다. 저도 몇 번이고 다시 만들면서 실패하지 않는 요령을 익혔습니다.

버터를 사용하지 않고 설탕과 오일도 조금만 넣으면, 굽고 나서도 부드럽고 가벼워서 아이에게 빵 대신 자주 만들어 주었습니다. 바삭하게 토스트해서 즐기는 방법도 추천합니다.

Classic Chiffon Cake

입에 넣는 순간 사르르
폭신하고 촉촉한

플레인 시폰케이크

Point

심플한 재료로 만들지만
달걀의 힘으로 폭신하게 부푸는
시폰케이크.
아이부터 어른까지 모두 좋아한다.
풍부한 식감으로 완성될 때까지
몇 번이고 구워보자!

재료(17㎝ 시폰틀 1개 분량)

박력분 ······ 65g
오일 ······ 40㎖
미지근한 물 ······ 40㎖
설탕 ······ 50g
달걀노른자 ······ 2개 분량(대)
달걀흰자 ······ 3개 분량(대)

마무리용

슈거파우더(취향에 따라) ······ 적당량

준비 재료를 계량한다.

굽는 시간 170℃ 약 40분~

만드는 방법 *사진은 21㎝ 틀을 사용

01

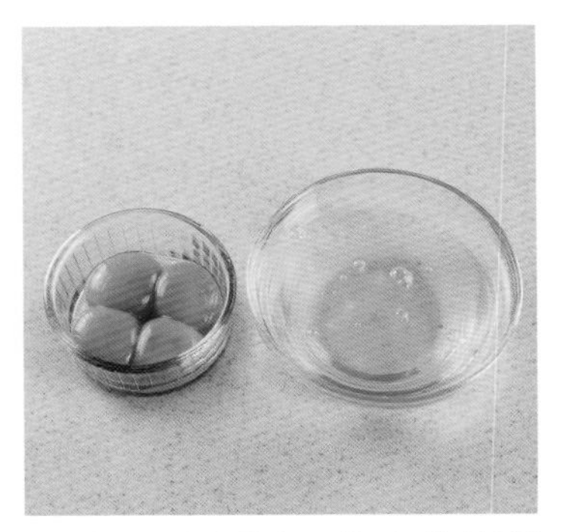

달걀은 노른자와 흰자로 나눈다. 흰자를 분리할 때 노른자가 들어가지 않게 주의한다. 노른자는 상온에 둔다. 흰자는 냉동실에 넣어 가장자리가 얼 정도로 차게 굳힌다.

02

박력분을 체로 2번 친다.

03

노른자를 핸드믹서로 가볍게 푼다.

04

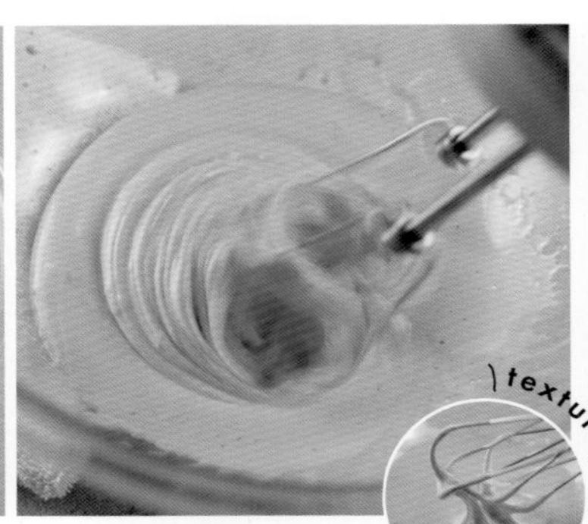

설탕 20g(17㎝ 틀 기준)을 **03**에 넣고, 뽀얗고 걸쭉한 상태로 양이 2배 될 때까지 핸드믹서로 5~10분 휘핑한다.

걸쭉해진 상태

05

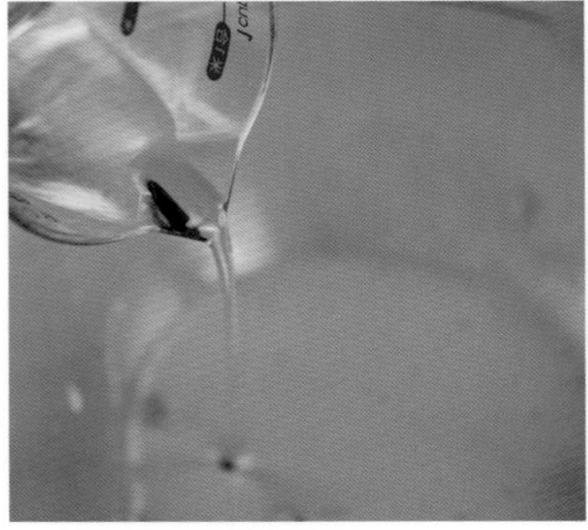

오일을 넣고, 비터 자국이 선명하게 남을 때까지 휘핑한다.

06

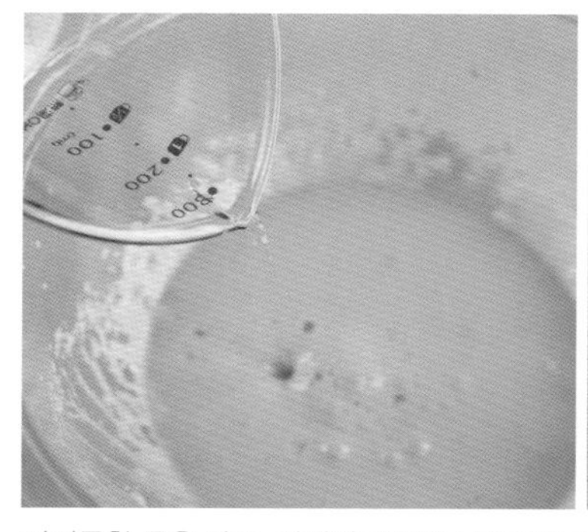

미지근한 물을 넣고, 전체에 거품이 균일하게 생길 때까지 휘핑한다.

texture

거품을 낸 상태

07

02를 넣고 매끈해질 때까지 거품기로 50번 정도 섞는다.

texture

리본 모양으로
떨어질 때까지

08

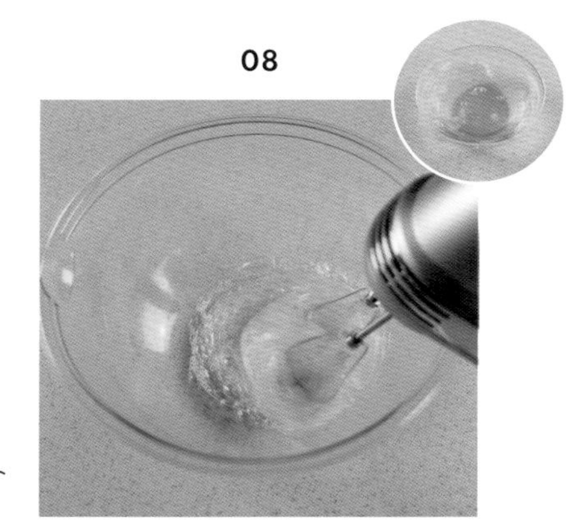

흰자를 냉동실에서 꺼내고, 소금 1꼬집(분량 외)을 넣은 다음 핸드믹서를 중속으로 설정하여 푼다.

09

나머지 설탕을 넣고, 핸드믹서를 고속으로 설정한 다음 한 번에 휘핑하여 머랭을 만든다.

Advice

달걀흰자를 휘핑할 때, 볼과 믹서 비터는 청결하고 물기가 없어야 한다. 물기가 있으면 거품이 잘 나지 않는 원인이 된다.

10

09의 머랭을 거품기로 결을 정리한 다음 1/3 분량을 **07**의 노른자 반죽에 넣는다. 머랭 거품으로 **07**을 묽게 한다는 느낌으로 섞는다.

11

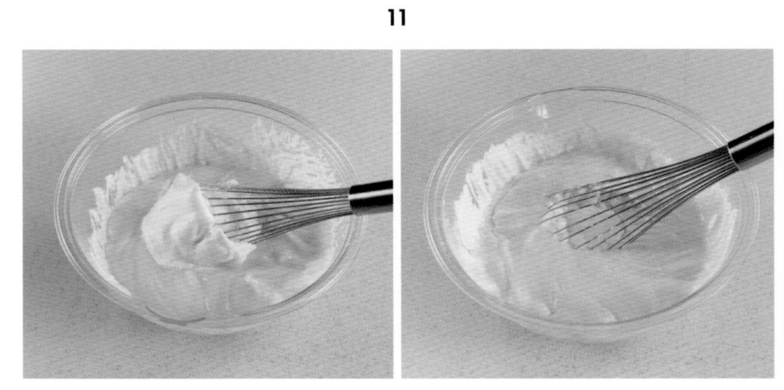

나머지 머랭 1/2 분량을 넣고, 가볍게 자르듯이 섞는다.

Advice

볼에 남은 반죽은, 주걱으로 긁듯이 모으면 거품이 죽어 제대로 부풀지 않는다. 따라서 억지로 모아서 틀에 넣지 않고, 따로 컵에 넣어 맛보기용으로 구우면 좋다.

12

11의 반죽을 남은 머랭이 든 볼에 흘려 넣고, 거품기로 바닥부터 떠올리듯 가볍게 섞는다.

13

주걱으로 바꾸어, 매끈하게 윤기가 나고 리본 모양으로 자국이 선명히 남을 때까지 바닥부터 뒤집으면서 섞는다.

14

시폰틀보다 10㎝ 정도 높은 위치에서 반죽을 흘려 넣는다.

15

2~3번 틀을 가볍게 흔들어 반죽을 평평하게 정리한다.

16

170℃로 예열한 오븐에 약 40분~ 굽는다. 10분이 지나면 문을 열고 오븐 안에서 재빠르게 표면에 칼집을 넣은 다음, 반죽의 갈라진 부분에 색이 날 때까지 충분히 굽는다.

17

굽기가 끝나면 오븐에서 꺼내고 10㎝ 높이에서 떨어뜨린 다음, 틀을 거꾸로 세워 놓고 충분히 식힌다(약 5시간).

18

틀 안쪽에 얇은 팔레트나이프를 넣어 위아래로 움직이면서 1바퀴 돌린다. 바깥쪽도 패티나이프를 위아래로 움직이면서 1바퀴 돌리고, 바깥쪽 틀을 분리한다. 바닥 부분도 팔레트나이프를 넣고 분리한다.

19

도마 등에 뒤집어서 올려 놓고, 취향에 따라 슈거파우더를 뿌린다.

Variation ● Chiffon Cake

시폰케이크의 응용

p.100 「플레인 시폰케이크」에서 재료만 변경하면
다른 맛의 시폰케이크를 구울 수 있다.

오렌지의 상큼한 맛

감귤과 양귀비씨 시폰케이크

p.100
플레인 시폰케이크
재료 일부를 변경
+ 양귀비씨 20g
- 미지근한 물 40㎖→**10㎖ + 오렌지 등 과즙 30㎖**
- 달걀노른자 2개→**3개**

위 3가지 재료를 변경, 추가하는 것 말고는 만드는 방법은 같다. 양귀비씨는 박력분과 섞어두고, 미지근한 물을 넣는 타이밍에 과즙과 미지근한 물을 넣는다. 과즙은 꼭 생과일을 짠 다음 걸러서 사용한다.

시폰케이크라면 빠지지 않는

말차 시폰케이크

p.100

플레인 시폰케이크

재료 일부를 변경

+ 말차 5g

- 미지근한 물 40㎖→**50㎖**

위 2가지 재료를 변경, 추가하는 것 말고는 만드는 방법은 같다. 박력분에 말차를 섞어서 체로 쳐 둔다. 품질 좋은 말차를 사용하면 향이 달라진다. 개인적으로 고야마엔(小山園)의 뱌쿠렌(白蓮)을 좋아한다.

홍차향이 은은하게 퍼지는

홍차 시폰케이크

p.100

플레인 시폰케이크

재료 일부를 변경

+ 홍차(얼그레이) 3g

- 미지근한 물 40㎖→**진한 홍차 40㎖**

위 2가지 재료를 변경, 추가하는 것 말고는 만드는 방법은 같다. 홍차는 그라인더 등으로 갈아서 박력분과 섞어서 체로 쳐 둔다. 미지근한 물을 넣는 타이밍에 데운 홍차를 넣는다. 홍차는 얼그레이를 추천한다.

Banana Caramel Tart

신선한 바나나의
단맛이 돋보이는

바나나 타르트

Point

녹인 캐러멜이 악센트가 되는
베이크드 타입의 바나나 타르트.
타르트 반죽과 아몬드 크림의
기본적인 만드는 방법을 익혀서,
다양한 제철 과일로 타르트를 구워보자!

재료(18㎝ 타르트틀 1개 분량)

타르트 반죽(만드는 방법은 p.14 「오일 쿠키」 참조)

박력분	120g
슈거파우더	40g
오일(미강유)	50㎖
달걀	1/3개 분량
바닐라오일	3방울

아몬드 크림

버터	50g
설탕	50g
달걀	1개(중)
아몬드파우더	50g
소금	0.5g
박력분	15g
말린 파인애플 (말린 사과도 가능)	30g
바나나	4개
캐러멜(시판품)	9개

마무리용

살구잼	30g
양주(또는 물)	1큰술
피스타치오	적당량
녹지 않는 슈거파우더	적당량

준비 재료를 계량한다.
버터는 상온에 꺼내 둔다.
달걀은 상온에 꺼내 두고, 소금을 넣어 푼다.
말린 파인애플은 잘게 썬다.

굽는 시간 170℃ 약 60분~

아몬드 크림 만들기

01

볼에 버터를 넣고, 하얗게 될 때까지 반죽한다.

02

설탕을 넣어 하얗고 폭신해질 때까지 휘핑한다.

공기를 고르게 넣는다

03

푼 달걀을 조금씩 넣으면서 그때마다 골고루 섞어서 유화시킨다.

달걀과 버터가 분리되지 않게

04

박력분, 아몬드파우더를 체로 쳐서 넣고, 주걱으로 가볍게 섞는다.

날가루가 보이지 않을 때까지

05

비닐랩으로 싸서 밀봉하고, 냉장고에 30분~1일 휴지시킨다. 냉동해도 좋다.

타르트 반죽 만들기 *반죽 만드는 방법은 p.14「오일 쿠키」 레시피 참조(분량도 동일)

01

틀에 오일 스프레이를 뿌린다.

02

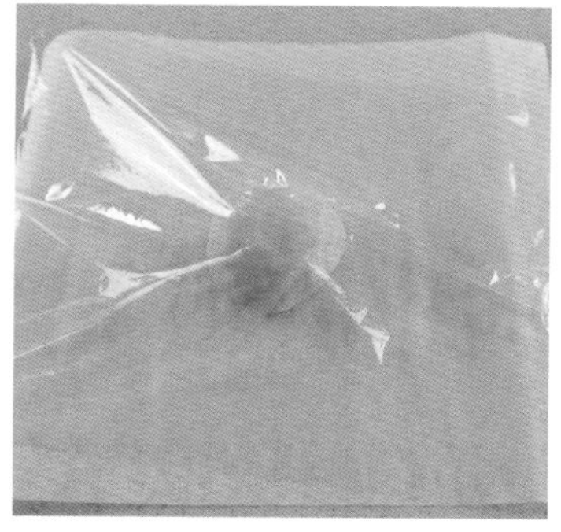

오븐시트 위에 타르트 반죽을 올리고, 비닐 랩을 살짝 덮는다.

03

반죽을 두께 약 5㎜로 밀대로 미는데, 타르트틀보다 조금 더 크게 원모양으로 민다. 중간에 틀을 올려 보고 크기를 확인하면서 민다.

04

타르트틀에 밀어 넣을 때, 모서리까지 제대로 밀어 넣는다.

05

튀어나온 반죽은 밀대를 굴려서 떼어내고, 반죽이 찢어졌을 때를 대비해 모아둔다.

06

포크로 구멍을 낸다.

마무리

01 **02**

01 냉장고에서 아몬드 크림을 꺼내고, 주걱으로 반죽한다.

02 말린 파인애플을 넣고 가볍게 섞는다.

03

타르트 반죽을 깐 틀에 아몬드 크림을 넣고 평평하게 편다.

04

바나나를 5㎜ 폭으로 썬다. 캐러멜을 주방가위로 잘게 자른다.

05

03에 바나나를 세워서 나선형으로 채워 넣고, 그 사이마다 캐러멜을 얹는다.

06

170℃로 예열한 오븐에 약 60분~ 굽는다.

07

바나나에 구운 자국이 선명하고, 노릇하게 색이 나면 오븐에서 꺼낸다.

08

작은 냄비에 살구잼과 양주(또는 물)를 넣고 끓여 녹인 것을 표면에 솔로 바른다.

09

슈거파우더를 뿌리고, 잘게 썬 피스타치오로 장식한다.

Advice

버터와 달걀은 상온에 꺼내 두어야 한다. 차가우면 반죽이 쉽게 분리되므로 주의한다. 잼은 꼭 살구잼이 아니어도, 마멀레이드 같은 연한 색 잼이라면 무엇이든 괜찮다. 오일 스프레이가 없는 경우, 틀에 버터를 바르고 밀가루를 뿌린 다음 냉장고에 넣어서 차게 해 둔다.

Apple Pie

집에서 즐길 수 있도록
부담 없이 만들었으면 합니다

홈스테이를 하는 동안 캐나다인 아주머니의 집에서 구움 과자를 배웠습니다. 그 집에서는 스콘이 아침식사 대신이었다면, 파이처럼 묵직한 과자는 저녁식사를 대신하는 존재였습니다.

우리가 매일 쌀밥을 짓듯, 미트파이나 스콘은 집에서 직접 만들어 먹었습니다. 계량도 눈대중이어서 정확하지 않았지만 언제나 맛있게 완성되었습니다.

김이 모락모락 나는 갓 지은 밥이 맛있듯, 애플파이도 갓 구웠을 때가 가장 맛있습니다. 틀에 넣은 채로 큰 조각을 내서, 모양이 좀 망가지더라도 따끈따끈할 때 먹어 보기를 추천합니다.

시간이 지나면 다시 데워서 바닐라 아이스크림을 곁들여 보세요. 각별한 맛을 즐길 수 있습니다.

RECIPE
21
Home-made Apple Pie

어딘가 그리운
클래식한 맛

홈메이드 애플파이

Point

그림책에서 나온 듯한 클래식 애플파이가
신맛과 단맛이 풍부한 사과를
감싸며 구워진다.
틀은 알루미늄 재질로,
레몬즙은 생레몬을 짜서 완성하자.

재료(21㎝ 오븐용 파이팬 1개 분량)

파이 크러스트

강력분··························100g
박력분··························200g
버터··························200g
레몬즙··························1큰술
얼음물··························6큰술
소금··························5g
덧가루··························적당량

사과 필링

사과(홍옥) ··························600g(과육 7개 정도)
수수설탕··························50g
그래뉴당··························50g
시나몬··························1.5g
너트맥··························0.5g
레몬즙(과즙 100%) ··························20㎖
콘스타치··························5g
버터··························25g
소금··························1g

마무리용

달걀··························1개
설탕··························1큰술
살구잼(선택) ··························30g
럼주··························1큰술

준비 재료를 계량한다.
버터는 가로세로 1㎝로 깍둑썰기하고, 냉장고에서 차게 한다.

굽는 시간 230℃ 약 15분~, 알루미늄포일을 덮고 200℃로 낮추어 약 40분~

만드는 방법

파이 크러스트 만들기

01

볼에 강력분, 박력분, 소금을 넣고 거품기로 섞는다.

02

푸드 프로세서에 **01**과 버터를 넣고 10초 동안 섞는다.

포슬포슬해질 때까지

03

큰 볼에 옮겨 담고, 레몬즙과 얼음물을 넣은 다음 주걱으로 누르면서 골고루 섞는다. 잘 뭉쳐지지 않으면 얼음물 1큰술(분량 외)을 상태를 보면서 보충한다.

쥐어서 잘 뭉쳐지면 OK

04

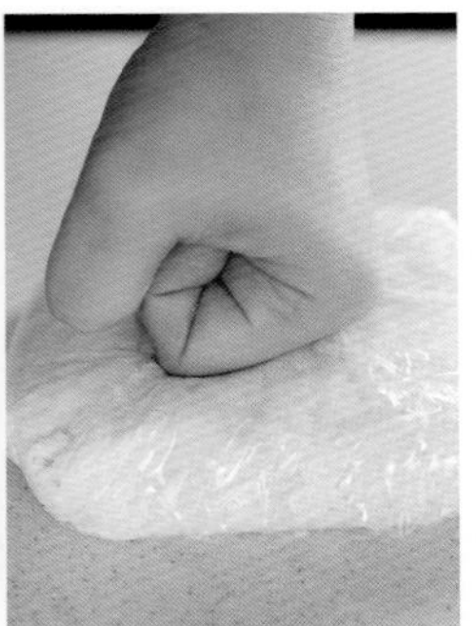

펼치고 손으로 누르면서 뭉친다.

05

2덩어리로 나누고, 비닐랩으로 감싸서 냉장고에 2시간 이상 휴지시킨다(최대 2일 동안). 냉동해도 좋다.

사과 필링 만들기

01

사과는 껍질을 벗기고 가로세로 2㎝로 깍둑썰기한다.

Advice

사과 필링에 사용할 사과는 홍옥이 가장 좋다. 없다면 조나골드 같은 새콤달콤한 종류도 괜찮다. 단맛은 수수설탕의 분량으로 조절한다.

02

수수설탕과 그래뉴당, 소금, 시나몬, 너트맥을 함께 섞고 **01**의 깍둑썰기한 사과에 뿌린다.

03

레몬즙을 넣어 주걱으로 섞고, 설탕이 녹아서 촉촉해질 때까지 약 10분 그대로 둔다.

수분으로 표면에 윤기가 난다

04

프라이팬에 버터를 중불로 녹이고, 향이 나며 끓기 시작하면 **03**을 넣어 볶는다.

05

즙이 보글보글 끓기 시작하면 뚜껑을 덮고 약 10분 끓인다(중간에 위아래를 뒤집는다).

즙이 나오기 시작한다

사과 필링 만들기

06

사과의 절반 정도가 잼 상태가 되면 콘스타치를 넣고 풀어준다.

07

계속 휘젓다가, 주걱으로 갈랐을 때 프라이팬 바닥이 보이면 불을 끈다.

걸쭉해진다

08

트레이에 담고 충분히 식힌다.

마무리

01

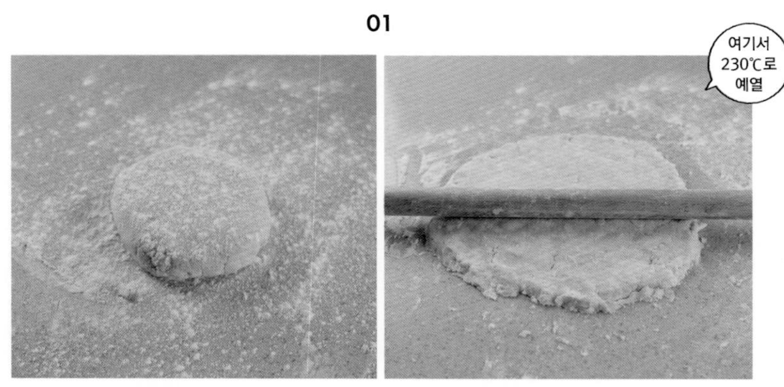

파이 크러스트 1덩어리를 사용 5분 전에 냉장고에서 꺼내고, 덧가루를 뿌려서 4㎜ 두께로 민다.

02

파이그릇에 파이 크러스트를 깔고, 밖으로 튀어나온 부분을 1㎝ 정도 남기고 커팅한다.

03

파이 크러스트 가장자리를 그릇에 맞추어 접고, 테두리를 만든다.

04

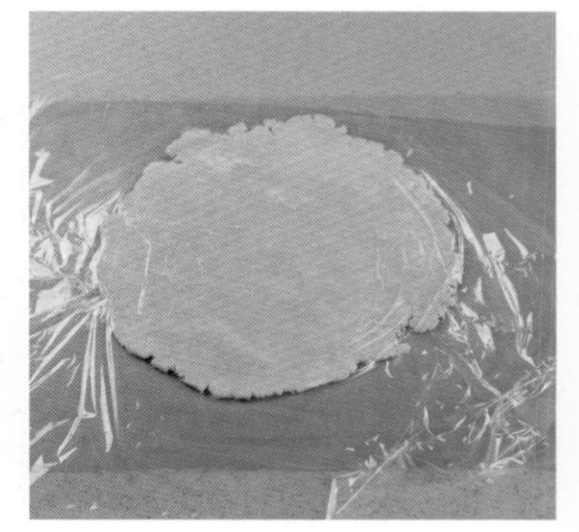

다른 1덩어리의 파이 크러스트를 냉장고에서 꺼내어 5분 정도 그대로 두고, 4㎜ 두께로 파이그릇보다 조금 더 크게 민다.

05

03에 사과 필링을 흘려 넣고, 가운데를 높이 쌓는다.

06

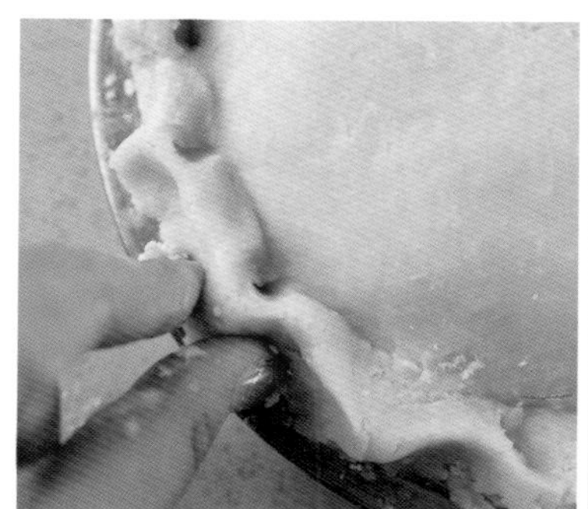

04로 **05** 위를 덮은 다음, 필링을 감싸도록 **03**의 벽과 겹치면서 손가락으로 주름을 잡는다.

07

표면에 칼로 칼집을 넣는다.

08

달걀을 풀어 설탕과 섞은 달걀물을 표면에 솔로 바른다. 굽기 전에 반죽이 늘어지면 냉장고에 한 번 넣어 차게 한다.

09

230℃로 예열한 오븐에 약 15분~ 굽는다.

10

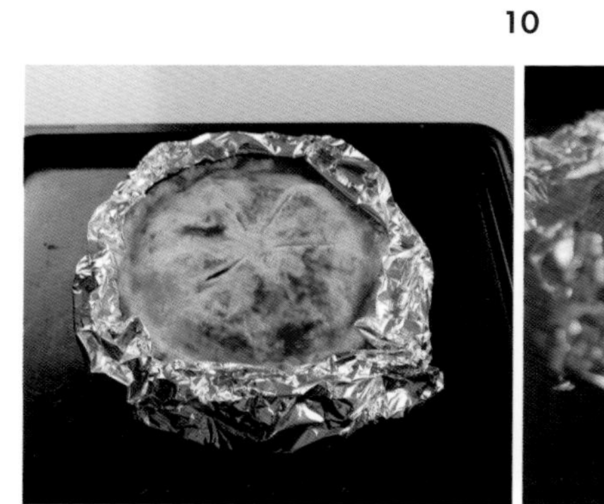

오븐에서 꺼내고, 파이 가장자리에 알루미늄포일을 덮은 다음 200℃로 온도를 낮추어 약 40분~ 전체에 색이 충분히 날 때까지 굽는다.

11

굽기가 끝나면 한 김 식힌다. 이어 살구잼과 럼주를 함께 끓여서 녹인 것을 솔로 바르고 말린다.

RECIPE
22
Lemon Glazed Cake

싱그러운 맛으로
봄과 여름에 잘 어울리는

레몬 버터 케이크

Point

달걀 노른자와 흰자를 함께 휘핑하는,
공립법으로 만든 특별한 케이크다.
촉촉한 동시에 레몬 풍미가 상큼하다.
반죽 굽기가 익숙해지면
레몬이나 꽃 모양 등 다양한 틀로 구워보자.

재료(18 × 8 × 6㎝ 파운드틀 1개 분량)

박력분 ······ 120g
아몬드파우더 ······ 30g
태운 버터 ······ 40㎖
(버터 50g으로 준비)
(만드는 방법은 p.90 참조)
달걀 ······ 3개(대)
설탕 ······ 100g
오일 ······ 40㎖
레몬즙 ······ 25㎖
레몬껍질(왁스 코팅되지 않은) ······ 조금

마무리용
살구잼 ······ 30g
따뜻한 물(또는 양주) ······ 1큰술
슈거파우더 ······ 50g
레몬즙 ······ 10~13㎖

피스타치오(취향에 따라) ······ 적당량
레몬껍질(취향에 따라) ······ 적당량

준비 재료를 계량한다.
태운 버터를 만든다(완성한 태운 버터는 오일과 합치고, 중탕하여 굳지 않도록 해둔다).
파운드틀 안쪽에 오일 스프레이를 뿌리거나 유산지를 깐다.

굽는 시간 170℃로 약 20분~ 160℃로 낮추어 약 30분~

01

레몬은 깨끗이 씻어서 반으로 잘라 과즙을 짜고, 껍질은 갈아서 넣는다.

02

박력분, 아몬드파우더는 섞어서 체로 2번 친다.

03

볼에 달걀과 설탕을 넣고, 핸드믹서를 고속으로 설정하여 휘핑한다. 8자를 그려서 자국이 남는 상태가 되면, 저속으로 설정한 다음 결을 정리한다.

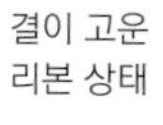

결이 고운 리본 상태

04

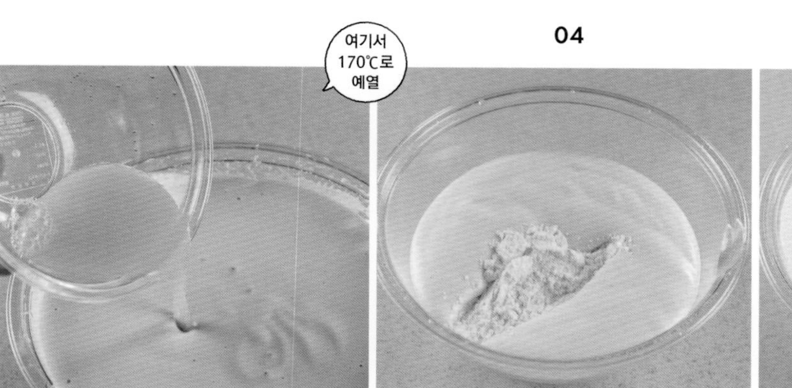

01의 레몬즙, **02**의 가루 종류를 넣고, 바닥부터 떠서 가운데에 떨어뜨리며 치대지 않고 섞는다.

05

데워둔 태운 버터와 오일을 넣고, 치대지 않고 바닥부터 떠서 섞는다.

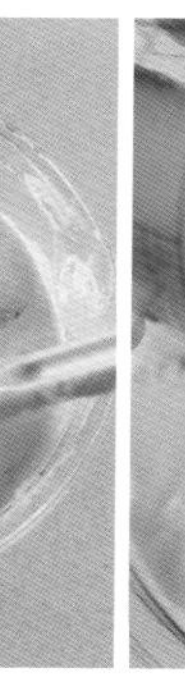

버터와 오일이 섞여 반죽이 균일하도록

06

파운드틀에 반죽이 80~90% 채워지도록 넣는다.

07

170℃로 예열한 오븐에 약 20분~, 160℃로 낮추어 약 30분~ 굽는다.

08

굽기가 끝나면 10㎝ 높이에서 1번 떨어뜨리고, 오븐시트를 깐 식힘망 위에 뒤집어 놓는다.

09

따뜻할 때 틀에서 꺼내고, 물을 적셔서 짠 키친타월을 덮어서 식힌다. 식으면 모서리를 잘라 낸다.

10

살구잼에 뜨거운 물 또는 양주를 넣고 끓여서 녹인 것을 솔로 전면에 바른 후 표면을 말린다.

11

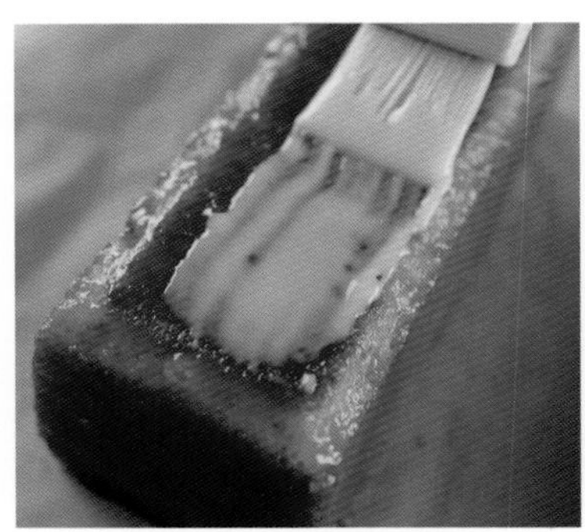

슈거파우더에 레몬즙을 넣어 아이싱을 만들고, 바닥면을 제외한 모든 면에 솔로 톡톡 바른다.
취향에 따라 피스타치오를 뿌린다.

12

220℃로 예열한 오븐에 1분 굽고, 표면을 말린다. 취향에 따라 잘게 썬 레몬껍질을 뿌린다.

Advice

자를 때 도톰하게 썰면, 좀 더 특별한 맛과 분위기를 연출할 수 있다.

Variation ● Glazing

아이싱의 응용

레몬맛 등 달지 않은 과자에 아이싱을 바르면 서로의 맛을 잘 살려준다.
게다가 보기에도 사랑스러워 선물 등으로도 좋다.

오일 쿠키 레시피로 만드는

레몬 오일 쿠키

p.14

오일 쿠키

재료 일부를 변경

- 오일 50㎖ → **40㎖**
  + 레몬즙 20㎖
  소금 1꼬집 (0.5g)
- 바닐라오일 3방울 → **생략**
- 달걀 1/3개 분량 → **생략**

위 3가지 재료를 변경, 추가한다. 소금은 가루 종류에 넣고, 레몬즙은 가루 종류를 섞은 다음 넣어 충분히 풀어지도록 손으로 반죽한다. 5㎜ 두께로 밀어서 쿠키틀로 찍어낸다. 쿠키가 충분히 식은 후에 아이싱을 바르고, 230℃로 예열한 오븐에 1분 동안 굽는다. 굽기 전에 잘게 썬 피스타치오를 뿌려도 좋다.

지은이_ gemomoge

푸드 포토그래퍼, 조리사. 2016년부터 블로그에 캐나다와 미국에 살면서 배웠던 현지 구움과자 레시피를 공개, 방문자가 천만 명이 넘는다. 일상 속 구움과자 사진을 올리는 인스타그램도 인기를 얻어 팔로워가 9.7만 명이 넘는다(모두 2021년 12월 기준). 비정기적으로 과자와 요리 교실을 열어 YouTube에 영상을 올리는 등, 다방면으로 과자 만드는 즐거움을 전하면서 세 아이를 키우는 데 고군분투하고 있다.

Blog さっさっさっさと今日のおやつ(휘리릭 오늘의 간식) http://www.gemomoge.net/
Instagram @gemomoge **YouTube** gemomoge's kitchen

옮긴이_ 임지인

일본 동경외국어대학원에서 언어문화 일본근대문학을 전공했다. 현재 엔터스코리아 출판기획가, 일본어 전문번역가로 활동 중이다. 주요 역서로는 『프랑스 전통과자 백과사전』, 『유제품을 사용하지 않는 비건 치즈』, 『오늘은 아무래도 케이크』, 『오븐 없이 프라이팬으로 만드는 뜯어먹는 빵』, 『한 입만 먹어도 중독되는 악마의 레시피』, 『파스타 다이어트』 등이 있다.

실패하지 않는
구움과자 레시피

펴낸이 | 유재영
펴낸곳 | 그린쿡
지은이 | gemomoge
옮긴이 | 임지인

기 획 | 이화진
편 집 | 이준혁
디자인 | 정민애 · 임수미

1판 1쇄 | 2022년 1월 10일
출판등록 | 1987년 11월 27일 제10-149
주 소 | 04083 서울 마포구 토정로 53(합정동)
전 화 | 324-6130, 324-6131 · 팩스 | 324-6135
E-메일 | dhsbook@hanmail.net
홈페이지 | www.donghaksa.co.kr, www.green-home.co.kr
페이스북 | www.facebook.com/greenhomecook
인스타그램 | www.instagram.com/__greencook

ISBN 978-89-7190-799-3 13590

• 이 책은 실로 꿰맨 사철제본으로 튼튼합니다.
• 잘못된 책은 구매처에서 교환하시고, 출판사 교환이 필요할 경우에는
 사유를 적어 도서와 함께 위의 주소로 보내주십시오.
• 이 책의 내용과 사진의 저작권 문의는 주식회사 동학사(그린쿡)로 해주십시오.

일본 STAFF_ 스타일링 & 촬영 / gemomoge 디자인 / 가시와 유키에(studio GIVE) 편집 / 하세가와 하나(하나펀치)